从想法到落地——设计实践系列丛书

食用农产品包装设计

主 编 ◎ 黎 盛　张 雄
副主编 ◎ 任 丹　王洪霞

西南大学出版社
国家一级出版社　全国百佳图书出版单位

图书在版编目（CIP）数据

食用农产品包装设计 / 黎盛, 张雄主编. -- 重庆：西南大学出版社, 2024.11. -- (从想法到落地：乡村振兴系列丛书). -- ISBN 978-7-5697-2774-6

Ⅰ.S377

中国国家版本馆CIP数据核字第20248VJ855号

食用农产品包装设计
SHIYONG NONGCHANPIN BAOZHUANG SHEJI

主　编：黎　盛　张　雄
副主编：任　丹　王洪霞

责任编辑｜刘欣鑫
责任校对｜估古娟
装帧设计｜闰江文化
排　　版｜吴秀琴
出版发行｜西南大学出版社（原西南师范大学出版社）
　　　地　　址｜重庆市北碚区天生路2号
　　　邮　　编｜400715
　　　电　　话｜023-68868624
印　　刷｜重庆亘鑫印务有限公司
成品尺寸｜170 mm×240 mm
印　　张｜9.5
字　　数｜160千字
版　　次｜2024年11月 第1版
印　　次｜2024年11月 第1次印刷
书　　号｜ISBN 978-7-5697-2774-6
定　　价｜48.00元

从想法到落地——乡村振兴系列丛书

顾 问
张跃光

主 审
孙　敏　双海军　肖亚成　张　雄

丛书策划
杨　璟　唐湘晖　韩　亮　赵　静
孙　磊　孙宝刚　黄代鋆　黄　微

扫码获取本书教学资源

前言
PREFACE

在当今快速发展的社会背景下，食用农产品正逐渐成为推动乡村产业发展，助力乡村振兴的主角。随着人们对于绿色食品和健康饮食的日益重视，食用农产品包装的发展不仅与农产品的质量和地方特色品牌的建立相关，还是实现农民富裕、农村和谐的推手。《食用农产品包装设计》一书应运而生，旨在为相关从业者提供一套系统的理论指导和实践参考。

本书的特色在于：

系统性与实践性相结合：本书不仅系统阐述了包装设计的基本概念、品牌包装策划、包装材料与技术，还详细介绍了相关示例并展示了实例，包括包装设计原则、目标、实施流程以及不同视角下的设计策略。通过丰富的案例分析，将理论与实践紧密结合，确保读者能够将理论知识应用于实际工作中。

多学科融合视角：在包装设计的过程中，我们强调设计学、社会学、生物学、材料学等多学科知识的融合应用，以期达到包装材料与技术、使用与价值的生态平衡、社会和谐与文化传承。这种跨学科的视角有助于从业者构建更加全面和立体的农产品品牌、行业链。

创新理念与技术应用：面对包装材料与技术中的新挑战，本书积极引入创新理念和技术，旨在推动包装规划与设计的现代化进程。

案例丰富，实用性强：本书的案例均来源于实际项目，经过编者的精心挑选和深入分析，具有很强的代表性和操作性。这些案例不仅展示了农产品从产品转变为商品规划与设计的成功实践，也为读者提供了宝贵的经验和启示。

本书作者黎盛，副教授，现任西南大学食品科学学院包装品牌设计教研室主任。主持重庆市"三区"科、"万州红桔系列包装设计"、"南川大树茶产业发展集成与应用"、"'新工科'背景下A+T·CDIO理念在包装工程教学模式中的探索"等项目，多项作品获全国中国包装创意设计大赛等级奖。致力于企业品牌策划设计、产品包装设计、标志设计等社会服务工作。

本书作者张雄，副教授。西南大学食品科学学院教师，创办工科包装设计专业（现包装工程系）。拥有国家发明专利11项，外观专利20多项，艺术著作版权约1300个。出版专著1部，编写教材1本，参编教材5本，主编教材13本。获中国之星包装设计大奖、红点设计大奖、意大利A' DESIGN AWARD设计大奖、法国巴黎DNA设计奖、国际CMF设计奖等多项设计大奖。

本书汇集了重庆人文科技学院乡村振兴学院项目研究、实践教学、产教融合、社会服务、学科竞赛等成果。编者希望《食用农产品包装设计》一书能够助力食用农产品包装策划和品牌形象建设，增加农产品附加值，为推动我国乡村振兴与可持续发展贡献力量。同时，本书如有不足之处，我们也期待与广大读者共同探讨和交流，携手共创农产品包装的未来，共同见证乡村的美丽蜕变。

目录 CONTENTS

第一章
食用农产品包装设计概述　　001

第一节　食用农产品的定义和分类 …………………002
第二节　包装的定义和分类 …………………………009
第三节　食用农产品包装的功能 ……………………015
第四节　食用农产品包装的现状和问题 ……………018
第五节　食用农产品包装发展趋势 …………………020

第二章
食用农产品品牌包装策划　　023

第一节　食用农产品品牌包装 ………………………024
第二节　食用农产品包装设计流程 …………………027
第三节　影响食用农产品包装设计的综合因素 ……031
第四节　农产品包装的相关法规和标准 ……………038

第三章
农产品包装材料　　　　　　　　　　　　　**045**

第一节　纸 ···046

第二节　塑料 ···054

第三节　金属 ···060

第四节　玻璃 ···063

第五节　自然生态材料 ···065

第六节　农产品包装材料选择的影响因素 ··············067

第四章
农产品贮藏与物流包装技术　　　　　　　**069**

第一节　收缩包装与拉伸包装技术 ··························070

第二节　防氧包装技术 ···075

第三节　防振包装技术 ···079

第四节　防霉变包装技术 ···084

第五章
农产品包装设计实作   **089**

第一节   农产品包装信息设计 …………………090

第二节   农产品包装中的色彩设计 ………………102

第三节   包装版式设计与工具 ……………………112

第六章
农产品的包装设计实例   **119**

第一节   酉阳800酉益锶天然矿泉水包装设计 ……………120

第二节   "天生云阳"农产品公用品牌策划与设计 …………126

第三节   小米花生包装设计 ……………………132

第四节   "润滋源"品牌及金玉李包装设计 …………135

附录   **139**

第一章
食用农产品包装设计概述

- 食用农产品的定义和分类
- 包装的定义和分类
- 食用农产品包装的功能
- 食用农产品包装的现状和问题
- 食用农产品包装发展趋势

第一节
食用农产品的定义和分类

在信息经济时代，随着网络技术的更迭，电商、自媒体（如朋友圈、短视频）等销售方式快速发展。越来越多的粮食、蔬菜、水果、鸡鸭、牛羊、鱼类等食用农产品通过线上进行销售。包装成了农产品销售必不可少的环节。包装涵盖的范围广，涉及的行业多，有材料、工艺、设计和印刷等，包装全过程中的某一个环节出了问题就会影响农产品最终的呈现效果。在运输过程中由于包装方式不当，也会出现许多问题影响食用农产品的质量和销售。如：有的农产品受到挤压后变形或破损、有的农产品因受到运输过程中温度的影响而变质、有的农产品因货架期短不能远距离销售、有的农产品包装没有品牌识别度等。这些问题都给农户带来了不小的经济损失。因此，加强食用农产品包装知识的学习，是非常必要和迫切的。

一、食用农产品的定义

2023年12月1日起施行的国家市场监督管理总局发布的《食用农产品市场销售质量安全监督管理办法》第四十九条指出："食用农产品，指来源于种植业、林业、畜牧业和渔业等供人食用的初级产品，即在农业活动中获得的供人食用的植物、动物、微生物及其产品，不包括法律法规禁止食用的野生动物产品及其制品。即食食用农产品，指以生鲜食用农产品为原料，经过清洗、去皮、切割等简单加工后，可供人直接食用的食用农产品。"其中，通过进行农业活动，包括种植粮食与蔬菜、养殖家禽、采摘水果、捕捞鱼类等直接销售的农产品，或经过初级加工后销售的农产品称为食用农产品。深加工食品通常不被归类为农产品,因为深加工食品是经过一系列复杂的加工和处理过程制成的食品,已经改变了农产品的原始形态和化学性质。例如,将谷物加工成面粉,再制作成面包、饼干等食品,或者将水果加工成果汁、果酱等食品,这些都属于深加工食品。虽然深加工食品的原材料可能来自农产品,但它们经过了加工处理,不再是原始的农产品。因此,深加工食品通常不被归类为农产品,而被视为食品加工业的产物。

此外,已纳入国家市场监督管理总局发布的食品生产许可分类目录的产品,不属于食用农产品。未纳入国家市场监督管理总局发布的食品生产许可分类目录,根据《食用农产品市场销售质量安全监督管理办法》判定属于食用农产品,但省级市场监督管理部门已发放食品生产许可的,按照食品管理。

二、食用农产品的分类及范围

《食用农产品范围注释》规定:食用农产品是指可供食用的各种植物、畜牧、渔业产品及其初级加工产品。范围包括:植物类、畜牧类、渔业类。(本书涉及的标准及法规可扫描本书二维码查看)

(一)植物类

植物类包括人工种植和天然生长的各种植物的初级产品及其初加工品。范围包括:

1.粮食

粮食是指供食用的谷类、豆类、薯类的统称。范围包括:

①小麦、稻谷、玉米、高粱、谷子、杂粮(如:大麦、燕麦等)及其他粮食作物。

②对上述粮食进行淘洗、碾磨、脱壳、分级包装、装缸发制等加工处理,制成的成品粮及其初制品,如大米、小米、面粉、玉米粉、豆面粉、米粉、荞麦面粉、小米面粉、莜麦面粉、薯粉、玉米片、玉米米、燕麦片、甘薯片、黄豆芽、绿豆芽等。

③切面、饺子皮、馄饨皮、面皮、米粉等粮食复制品。

以粮食为原料加工的速冻食品、方便面、副食品和各种熟食品,不属于食用农产品范围。

2. 园艺植物

(1) 蔬菜

蔬菜是指可作副食的草本、木本植物的总称。范围包括：

①各种蔬菜(含山野菜)、菌类植物和少数可作副食的木本植物。

②对各类蔬菜经晾晒、冷藏、冷冻、包装、脱水等工序加工的蔬菜。

③将植物的根、茎、叶、花、果、种子和食用菌通过干制加工处理后,制成的各类干菜,如黄花菜、玉兰片、萝卜干、冬菜、梅干菜、木耳、香菇、平菇等。

④腌菜、咸菜、酱菜和盐渍菜等也属于食用农产品范围。

各种蔬菜罐头(罐头是指以金属罐、玻璃瓶,经排气密封的各种食品。下同)及碾磨后的园艺植物(如胡椒粉、花椒粉等),不属于食用农产品范围。

(2) 水果及坚果

①新鲜水果。

②通过对新鲜水果(含各类山野果)清洗、脱壳、分类、包装、储藏保鲜、干燥、炒制等加工处理,制成的各类水果、果干(如荔枝干、桂圆干、葡萄干等)、果仁、坚果等。

③经冷冻、冷藏等工序加工的水果。

各种水果罐头,果脯,蜜饯,炒制的果仁、坚果,不属于食用农产品范围。

(3) 花卉及观赏植物

通过对花卉及观赏植物进行保鲜、储蓄、分级包装等加工处理,制成的各类用于食用的鲜、干花,晒制的药材等。

3. 茶叶

茶叶是指从茶树上采摘下来的鲜叶和嫩芽(即茶青),以及经吹干、揉拌、发酵、烘干等工序初制的茶。范围包括各种毛茶(如红毛茶、绿毛茶、乌龙毛茶、白毛茶、黑毛茶等)。

精制茶、边销茶及掺兑各种药物的茶和茶饮料,不属于食用农产品范围。

4.油料植物

①油料植物是指主要用作榨取油脂的各种植物的根、茎、叶、果实、花或者胚芽组织等初级产品,如菜籽(包括芥菜籽、花生、大豆、葵花籽、蓖麻籽、芝麻籽、胡麻籽、茶籽、桐籽、橄榄仁、棕榈仁、棉籽等)。

②通过对菜籽、花生、大豆、葵花籽、蓖麻籽、芝麻、胡麻籽、茶籽、桐籽、棉籽及粮食的副产品等,进行清理、热炒、磨坯、榨油(搅油、墩油)等加工处理,制成的植物油(毛油)和饼粕等副产品,具体包括菜籽油、花生油、小磨香油、豆油、棉籽油、葵花油、米糠油以及油料饼粕、豆饼等。

③提取芳香油的芳香油料植物。

精炼植物油不属于食用农产品范围。

5.药用植物

①药用植物是指用作中药原药的各种植物的根、茎、皮、叶、花、果实等。

②通过对各种药用植物的根、茎、皮、叶、花、果实等进行挑选、整理、捆扎、清洗、晾晒、切碎、蒸煮、密炙等处理过程,制成的片、丝、块、段等中药材。

③利用上述药用植物加工制成的片、丝、块、段等中药饮片。

中成药不属于食用农产品范围。

6.糖料植物

①糖料植物是指主要用作制糖的各种植物,如甘蔗、甜菜等。

②通过对各种糖料植物,如甘蔗、甜菜等,进行清洗、切割、包装等加工处理的初级产品。

7.热带、南亚热带作物初加工

通过对热带、南亚热带作物去除杂质、脱水、干燥等加工处理,制成的半成品或初级食品。具体包括:天然生胶和天然浓缩胶乳、生熟咖啡豆、胡椒籽、肉桂油、桉油、香茅油、木薯淀粉、腰果仁、坚果仁等。

8.其他植物

其他植物是指除上述列举植物以外的其他各种可食用的人工种植和野生的植物及其初加工产品,如谷类、薯类、豆类、油料植物、糖料植物、蔬菜、花卉、植物种子、植物叶子、草、藻类植物等。

可食用的干花、干草、薯干、干制的藻类植物,也属于食用农产品范围。

(二)畜牧类

畜牧类产品是指人工饲养、繁殖取得和捕获的各种畜禽及初加工品。范围包括:

1.肉类产品

①兽类、禽类和爬行类动物(包括各类牲畜、家禽和人工驯养、繁殖的野生动物以及其他经济动物),如牛、马、猪、羊、鸡、鸭等。

②兽类、禽类和爬行类动物的肉产品。通过对畜禽类动物宰杀、去头、去蹄、去皮、去内脏、分割、切块或切片、冷藏或冷冻等加工处理,制成的分割肉、保鲜肉、冷藏肉、冷冻肉、冷却肉、盐渍肉,绞肉、肉块、肉片、肉丁等。

③兽类、禽类和爬行类动物的内脏、头、尾、蹄等组织。

④各种兽类、禽类和爬行类动物的肉类生制品,如腊肉、腌肉、熏肉等。

各种肉类罐头、肉类熟制品,不属于食用农产品范围。

2.蛋类产品

①蛋类产品。是指各种禽类动物和爬行类动物的卵,包括鲜蛋、冷藏蛋。

②蛋类初加工品。通过对鲜蛋进行清洗、干燥、分级、包装、冷藏等加工处理,制成的各种分级、包装的鲜蛋、冷藏蛋等。

③经加工的咸蛋、松花蛋、腌制的蛋等。

各种蛋类的罐头不属于食用农产品范围。

3.奶制品

①鲜奶。是指各种哺乳类动物的乳汁和经净化、杀菌等加工工序生产的乳汁。

②通过对鲜奶进行净化、均质、杀菌或灭菌、灌装等,制成的巴氏杀菌奶、超高温灭菌奶、花色奶等。

用鲜奶加工的各种奶制品,如酸奶、奶酪、奶油等,不属于食用农产品范围。

4.蜂类产品

①是指采集的未经加工的天然蜂蜜、鲜蜂王浆等。

②通过去杂、浓缩、熔化、磨碎、冷冻等加工处理,制成的蜂蜜、鲜王浆以及蜂蜡、蜂胶、蜂花粉等。

各种蜂产品口服液、王浆粉不属于食用农产品范围。

5.其他畜牧产品

其他畜牧产品是指上述列举以外的可食用的兽类、禽类、爬行类动物的其他组织,以及昆虫类动物。如动物骨、壳、动物血液、动物分泌物、蚕种、动物树脂等。

(三)渔业类

1.水产动物产品

水产动物是指人工放养和人工捕捞的鱼、虾、蟹、鳖、贝类、棘皮类、软体类、腔肠类、两栖类、海兽及其他水产动物。范围包括:

①鱼、虾、蟹、鳖、贝类、棘皮类、软体类、腔肠类、海兽类、鱼苗(卵)、虾苗、蟹苗、贝苗(秧)等。

②将水产动物整体或去头、去鳞(皮、壳)、去内脏、去骨(刺)、捣溃或切块、切片,经冰鲜、冷冻、冷藏、盐渍、干制等保鲜防腐处理和包装的水产动物初加工品。

熟制的水产品和各类水产品的罐头,不属于食用农产品范围。

2.水生植物

①海带、裙带菜、紫菜、龙须菜、麒麟菜、江篱、浒苔、羊栖菜、莼菜等。

②将上述水生植物整体或去根、去边梢、切段,经热烫、冷冻、冷藏等保鲜防腐处理和包装的产品,以及整体或去根、去边梢、切段,经晾晒、干燥(脱水)、粉碎等处理和包装的产品。

罐装(包括软罐)产品不属于食用农产品范围。

3. 水产综合利用初加工品

通过对食用价值较低的鱼类、虾类、贝类、藻类以及水产品加工下脚料等,进行压榨(分离)、浓缩、烘干、粉碎、冷冻、冷藏等加工处理制成的可食用的初制品。如鱼粉、鱼油、海藻胶、鱼鳞胶、鱼露(汁)、虾酱、鱼籽、鱼肝酱等。

以鱼油、海兽油脂为原料生产的各类乳剂、胶丸、滴剂等制品不属于食用农产品范围。

食用农产品的分类可以让人们清晰地分辨出哪些产品属于食用农产品,有助于保障农产品的质量安全,遵守国家相关部门对食用农产品的规定,避免损失。特别值得关注的是,《食用农产品市场销售质量安全监督管理办法》中第十二条、十三条对食用农产品的包装和标签信息做出了明确的规定;第四十条明确了对违反第十二条、十三条的处罚办法。

第二节
包装的定义和分类

产品在不同的场景需要不同功能的包装。在品质保鲜时产品需要贮藏包装，在货架上产品需要销售包装，在运输途中产品需要运输包装，在外出时产品需要小袋包装，在家庭用时需要大包装。可以说不同类型的包装是产品成为商品的必要条件。

一、包装的定义

《包装术语 第1部分：基础》（GB/T4122.1—2008）定义包装为：在流通过程中保护产品，方便储运，促进销售，按一定技术方法而采用的容器、材料及辅助物等的总体名称。包装也指为了达到储运、销售的目的而在采用容器、材料和辅助物的过程中施加一定方法等的操作活动。

我们可以从两个层面理解包装的定义：第一，包装为名词，可指包装物本身，用于保护产品、传达产品信息（即Package）；第二，包装为动词，还指包装设计、制作的整个活动过程（即Packaging）。

食用农产品具有时效性高、季节性强、不耐保存、易腐烂等特点，因此，它对其包装在贮藏、运输和保鲜等功能方面有更高的要求。

二、食用农产品包装的分类

食用农产品种类众多，不同种类的产品对包装在材料、结构和视觉方面的要求各有差异。食用农产品包装常用的分类方式有以下几种。

(1)从目的分类

根据目的不同,包装主要分为贮藏包装、销售包装、运输包装。

①贮藏包装主要指直接接触农产品的内包装,通过包装保鲜技术,运用适当包装材料对食用农产品的品质、形态进行保护,以延长农产品的货架期。如图1-1是真空袋贮藏包装,通过抽出包装袋内的空气,形成真空环境,以达到延长保质期、防止变质和减少体积等目的。

②销售包装主要指通过造型结构保护农产品的同时,用印刷的方式表现,以促进农产品销售,增加农产品的附加值。如图1-2"栗子贡米"销售包装,通过包装设计,将大米进行计量化包装,避免散落,包装上的图形和文字呈现出农产品的地域特色,凸显品牌价值。

③运输包装可保证商品的数量、品质尽可能不变,为农产品在流通过程中提供便捷和保护。如图1-3物流运输包装,在材料上选用了瓦楞纸箱,其能保证运输过程中的为颠簸、叠放还整齐。另外,运输包装良好的品牌视觉表现不仅能起到被识别的作用,还能增强品牌的传播力。

图1-1 真空袋贮藏包装

※ 图1-2 "栗子贡米"销售包装

（指导教师：高彦彬）

※ 图1-3 物流运输包装

(2) 从包装材料来分类

根据材料不同，包装主要有纸包装、塑料包装、金属包装、玻璃包装和复合包装材料等。

① 纸包装材料。其包括纸张、纸板、纸袋等，具有环保、可回收、成本低等

优点。常用于农产品的销售包装和运输包装,如图1-4所示。

图1-4 "金玉李"礼盒包装
(学生:石玉萌　易雪飞;指导教师:莫渊)

② 塑料包装材料。其包括聚乙烯(PE)、聚丙烯、聚氯乙烯(PVC)等塑料薄膜和袋子,用于贮藏包装和销售包装,具有防水、防潮、耐摔等特点。

③ 金属包装材料。其包括铝、铁、铜等金属薄板或罐,用于食品包装和工业包装,具有密封性好、耐压、耐腐蚀等特点。

④ 玻璃包装材料。其包括各种玻璃瓶和玻璃罐,用于食品包装和工业包装,具有无毒、无味、环保等特点,但成本较高。

⑤ 复合包装材料。其由两种或多种材料组成,具有各种材料的优点。例如,铝箔复合膜具有铝箔的阻隔性能和塑料薄膜的防水、防潮性能,常用于食品包装。

(3)从包装技术来分类

根据包装技术不同,包装主要分为气调包装、真空包装、防潮包装、缓冲包装、防破损包装、防霉腐包装。

① 气调包装。其通过改变包装内的气体来延长食品的保质期,常用的气体有二氧化碳、氧气和氮气等。比如,在肉制品保鲜中,二氧化碳和氮气是两种主要的气体,一定量的氧气有利于延长肉类保质期,因此两种气体必须按适当的比例进行混合。如图1-5所示。

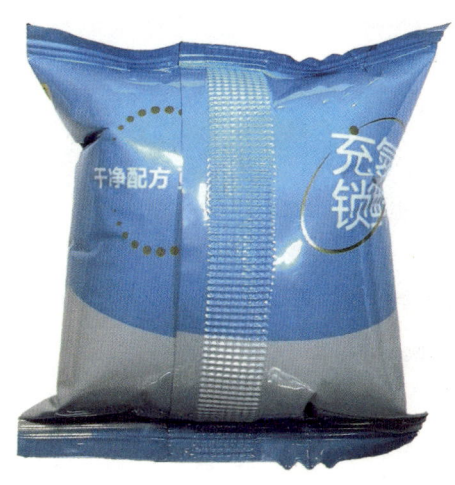

☀ 图1-5 气调包装

② 真空包装。抽取包装内的部分空气,包装内有一定的真空度,以延长食品的保质期。

③ 防潮包装。其利用合适的包装材料和工艺,使内部湿度保持在一定的范围内,以延长食品的保质期。如铝箔自封袋就具有良好的防潮性能和阻隔性能,适用于对防潮和避光要求较高的产品。如图1-6所示。

☀ 图1-6 铝箔自封袋

④ 缓冲包装。其利用具有一定缓冲性能的包装材料和结构,以减轻外界压力和冲击对内装物的影响,保护农产品不被损坏。常见的缓冲包装材料包括纸类、泡沫塑料、气泡柱等。这些材料(图1-7、图1-8)具有较好的缓冲性能,能够有效地吸收和分散外力,从而起到保护作用。

 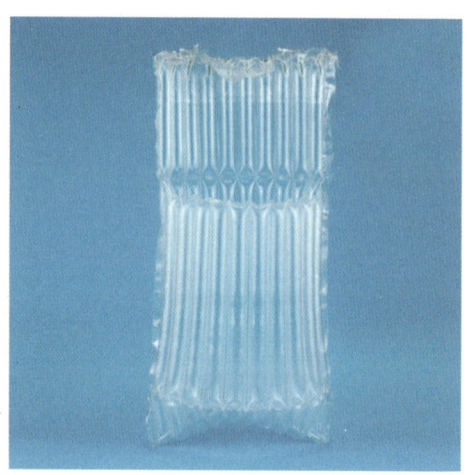

❋ 图1-7　纸类缓冲包装　　　　　　　❋ 图1-8　气泡柱

⑤包装中的小袋。为了保证农产品质量，人们常常会在包装中加入干燥剂和脱氧剂，创造一个无氧干燥的环境，以防止食物腐败、变质、生虫，延长其保鲜期和货架期。

第三节
食用农产品包装的功能

食用农产品具有保质期短、易腐、易受损的特点。不同类型的食用农产品贮藏方式各异，且部分农产品的销售包装缺乏表现力，因此，需要加强对食用农产品包装在保护、便利、促销等方面的功能的认识，以下简述相关功能及新的功能。

一、保护功能

保护产品是包装的首要功能。食用农产品包装的保护功能主要体现在以下两个方面。

一是包装对产品外形的保护。包装可以保护农产品外形的完整性，避免其在运输过程中受到挤压、出现破裂，而影响农产品的品质和销售。如：草莓、枇杷、樱桃等水果皮薄易损，通过缓冲包装如使用防震海绵托（图1-9），使用缓冲网套（图1-10）等方式减少摩擦和碰撞。

图1-9　草莓防震海绵托　　　图1-10　缓冲网套

二是包装对农产品新鲜度的保护。包装可以延长农产品的货架期,减少浪费、增加价值。绝大部分食用农产品的保质期都不长,特别是季节性水果,有的2~3天就开始变色、失水,甚至腐烂变质。我们可以通过气调包装、真空包装、防潮包装、防霉腐包装等方式延长产品的新鲜度。需注意的是不同的农产品,由于其成熟度和理化性质不同,对包装材料和方式的要求也不同。

二、便利功能

食用农产品包装设计需要在生产、打包、运输、贮藏、销售、食用和包装回收等各个环节考虑便利性、人性化。其便利功能应主要体现在以下几个方面。

①方便生产。设计的包装要符合包装生产企业机械化、自动化的要求,多种材料组合包装时应考虑设备能否支持,考虑原材料的能否供应,以及生产成本等因素。

②方便流通。包装应便于产品在运输过程中的装卸、堆码、识别。

③方便携带。包装方便消费者的携带、使用。特别是休闲食品,要适用于旅行、户外活动等场合。

④易于识别。包装上通常有食品的成分、生产日期、保质期等信息,它能帮助消费者了解食品的详细情况,指导消费。

⑤易于开启和封闭。包装应易于开启和封闭,让消费者能够方便地打开和重新封闭包装,以保持食品的新鲜度和卫生。

⑥便于二次利用或回收。从环保角度考虑,在设计时包装应尽量使用单一材料,减少印刷的颜色、无胶结构设计等。

总的来说,食用农产品包装的便利功能涵盖了从保护产品到指导消费、从方便携带到环保等多个方面,可为消费者提供更好的消费体验。

三、促销功能

"包装是无声的推销员。"成功的包装设计能吸引消费者的注意,农产品外包装的文字、图片等信息让消费者对农产品的相关内容进行识别,从而认识农产品。甚至,包装设计能表现一种个性、传递一种情感。这种个性、情感能建立起消费者与农产品之间的联系,让消费者提高购买欲望,从而促成购买行为。

四、品牌功能

现代社会是一个信息高度发达的社会,各类产品供大于求且同质化非常严重,部分同类农产品竞争激烈。包装是直接和消费者接触的,是企业和农产品进行宣传较好的媒介。农产品通过包装树立的形象、形成的品牌,在消费者心中占有一席之地,从而培养忠实的消费者,增强他们对品牌的信赖度和依赖度。

第四节
食用农产品包装的现状和问题

食用农产品属于初级加工食品,大部分农产品的包装由农户、合作社或者工厂自己选择。目前大部分农产品采用与同类产品相同或类似的通用包装,只是会单独印制或贴上自己的品牌。甚至部分地区的产业协会还会设计统一的区域品牌。

这些产业协会提供统一的包装供农户们使用,统一的包装可扩大宣传,增强品牌影响力。如图1-11所示的奉节脐橙外盒包装,农户使用时需获得奉节县脐橙产业协会"奉节脐橙"的品牌授权,目前"奉节脐橙"已具有一定的品牌价值。

图1-11 奉节脐橙外盒包装

但是仍有小部分农产品没有统一的品牌、包装。农户们专研种植技术,但对如何保护农产品及安全运输、如何规范包装信息、如何通过包装体现农产品自身的价值关注甚少。因此,针对这些农产品的包装存在的一系列问题,归纳如下。

一、包装保护不到位

①包装材料的等级达不到农产品的要求,包装容易出现破损或渗漏的情况,影响农产品的保鲜期。

②劣质包装材料或黏合剂中的有害物质可能会渗透到农产品中,影响消费者的健康。例如,一些塑料包装中含有邻苯二甲酸酯等有害物质,这些物质会渗透到食物中,对人体健康产生负面影响。

③包装贮藏方式不合理或者缓冲未处理好,使农产品在运输过程中损坏、变质,同时也污染其他包裹。

④因成本因素而采用价格便宜但难以降解的包装。长此以往,对环境造成严重影响。

二、包装信息不规范

在食用农产品的包装中,信息是否规范是一个容易被忽略的问题。一些包装上没有清晰地标注农产品的名称、生产日期、保质期、生产厂家等信息,导致消费者无法了解农产品的真实情况,甚至可能购买到过期或者质量不佳的农产品。此外,一些包装上的虚假宣传或者误导性信息也会损害消费者的利益。《食用农产品市场销售质量安全监督管理办法》第十二、十三条对食用农产品包装或标签的信息有明确的规定。

三、包装品牌意识淡薄

绝大部分农户缺乏建立自身农产品品牌的意识,并未认识到品牌对农产品推广和销售的重要性。他们对市场的关注度不高,产出的农产品同质化严重,对产品出售的认识停留在价格竞争层面,没有意识或能力挖掘农产品自有的文化内涵。

第五节
食用农产品包装发展趋势

随着科技的发展和人们生活需求的变化,农产品包装向着可持续化、人性化、智能化和品牌化的趋势发展。

一、可持续化

环保问题的日益凸显,社会对食品包装的环保要求也越来越高。未来,环保将成为食品包装行业的主要趋势之一。为了满足社会发展及消费者的需求,企业将更多地采用可降解、可循环利用的包装材料,减少包装废弃物对环境的影响。如生物降解材料:淀粉、植物纤维等,以减少对环境的污染。因此食用农产品包装也将跟随这一发展趋势,在选择包装时,尽可能选用既符合农产品要求又对环境友好的包装。

此外,农产品的包装设计将更注重实用性和美观性,避免过度包装和奢华包装,以降低成本和减少资源消耗。

二、人性化

随着人们生活方式的变化,包装逐渐多样化。面对不同的消费人群和销售场景,同一产品将会有不同规格和方式的包装。商家在提供农产品的同时,给消费者带来使用的便利和乐趣。如在批发式商超中产品展示以一箱或一打为单位,而零售式商超产品的展示将以一件为单位;旅行产品包装以小袋方便开合为主;家庭装产品的包装以量多、高性价比为主。

三、智能化

随着科技的不断发展,利用电子标签、RFID(射频识别)等技术,企业可以通过智能化包装对食品的生产和流通环节的全程追溯和监控,提高食品的安全性和质量。同时,智能化包装还可以为消费者提供更加便捷的查询和服务体验。若食品农产品想要长远发展,进一步更新包装方式与技术是必需的。因此,利用智能化包装扩大食品农产品的销售范围和提高农产品的品质是一种趋势。

四、品牌化

一个优秀的品牌形象可以提升产品的市场竞争力,增加消费者对产品的信任度和忠诚度。因此,企业需要对农产品的品牌形象进行塑造和维护,利用独特的包装设计和品牌故事等方式,提升农产品的附加值和市场影响力。

民以食为天,食以安为先。包装作为直接接触农产品的外装物,对其品质的影响巨大。食用农产品可以从不同角度进行分类,分类后的食用农产品更便于管理部门的引导发展和企业间的合作运营,便于同领域品牌的展示、交流和研究。

第二章
食用农产品品牌包装策划

- 食用农产品品牌包装
- 食用农产品包装设计流程
- 影响食用农产品包装设计的综合因素
- 农产品包装的相关法规和标准

包装设计的第一个环节，也是被很多人忽略的一个环节，那就是品牌包装的定位。有了清晰的定位，才能准确地确定目标消费人群及其特点，有针对性地投其所好，设计出能吸引他们的商品包装。

第一节
食用农产品品牌包装

一、品牌的包装：以品牌为主导的包装设计

1. 品牌定义

①符号论。现代营销学之父菲利普·科特勒说，品牌是一个名称、术语、符号、标志，或设计，或所有这些内容之组合。其目的是借以辨认某个销售商或某群销售者的产品或服务，并使之同竞争对手的产品和服务区分开来。

②形象论。广告之父大卫·奥格威说，品牌是一种错综复杂的象征，它是品牌的属性、名称、包装、价值、历史、声誉、广告风格的无形组合。

品牌是存在于消费者心中稳定的、一致的、积极的联想，人们对品牌的体验不仅包括功能性的产品和服务，同时还包括感受与联想。成功的品牌一般都具有出色并且一致的品牌理念，这一品牌理念经由特色鲜明的品牌语言传达给目标受众，并与目标受众建立稳定的品牌关系。

品牌化过程是一个涉及建立思维结构和帮助消费者建立起对产品或服务的认知的过程。

2. 品牌包装

包装作为品牌与消费者之间的桥梁，它将品牌的理念和价值通过包装材料、结构、信息、色彩和版式与消费者进行有效沟通。一个成功的包装设计能

够让消费者在众多竞争产品中迅速将该品牌与其他品牌区分开来,进而增强品牌的认知度和辨识度。

包装与品牌形象保持一致。包装设计应与品牌的整体视觉语言和VI(Visual Identity)设计保持一致。利用统一的视觉风格、设计元素和标准,品牌可为包装设计提供方向,确保其与品牌形象相符合。同时,包装通过视觉一致性和可识别性,在市场中塑造独特的品牌形象。

3.品牌对包装设计的影响

(1)影响产品定位

大部分产品生产厂家是先有产品,再有产品定位。因为工厂和技术的局限性,导致他们不能先从市场的角度去生产产品,只能通过自有的条件产出产品后,再为产品匹配受众。这时,需要根据产品的定位确定该品牌在整个品牌中的地位和价值。如,同一品牌多个产品,不同产品的特点和消费人群各异,因此,需根据产品的定位设计不同的包装与之匹配。以金橘为例,不同大小的金橘,价格有高低的区别,那么包装方式、包装材料、装潢设计上也不同。

产品的定位包括:产品的特征、产品的价格、产品的消费人群、产品的销售场景和产品的使用场景等。

(2)影响包装定位

产品的定位直接影响包装的定位,包装的定位主要对材料的选择、设计的风格及印刷设计的工艺等方面有影响。

①影响包装材料的选择。如高端的产品定位为礼品,那么需要选择更好的材料制作礼盒,如五层瓦楞纸、卡纸、铁盒、木盒等,才能彰显产品价值。普通产品则采用简单的能起到保护作用的包装即可,性价比高。

②影响包装设计的风格。不管是结构设计还是信息设计,高端产品的设计更为精致。

③影响印刷设计的工艺。印刷的工艺是包装设计档次的直接表现,工艺越多、越复杂,包装成本也就越高。

因此,包装设计需要符合产品定位的方向。

二、包装的品牌：以独特包装而树立的品牌形象

好的品牌包装一旦在消费者心里留下印记，那么它将是这个品牌的形象"代言人"，让消费者看到该产品的包装就能联想到该品牌。如图2-1所示，农夫山泉包装中展示的山的图形，红、白、绿三色的搭配，以及黄金分割的排版，将农夫山泉的品牌印在了消费者的心里。

图2-1　农夫山泉

第二节
食用农产品包装设计流程

包装设计是一个系统性的工程设计,其不仅是视觉表现,还包含包装设计任务确定、设计任务合同签订、设计调查、设计定位与策划、创意设计等流程。包装的每一个流程都决定了包装最终呈现的效果。弄清楚包装设计的流程有助于包装任务的顺利开展,避免给企业和设计师带来损失。包装设计流程如图2-2所示。

1. 包装设计任务确定
2. 签订设计任务合同
3. 包装设计调查
4. 包装设计定位与策划
5. 包装创意设计
6. 包装设计提案
7. 包装设计修改和定稿
8. 包装设计印刷源文件提交

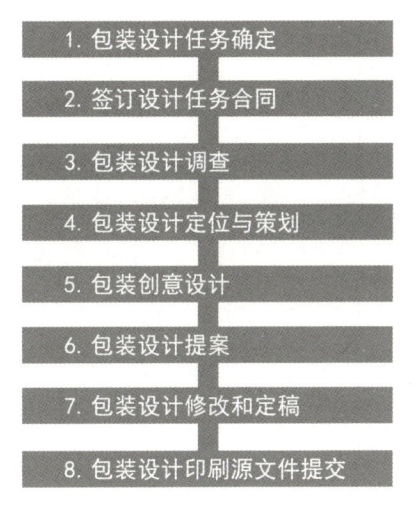

图2-2 包装设计流程图

一、包装设计任务确定

委托方与设计师应经过多次交流、沟通,在这个阶段中委托方需将自己的诉求和问题在与设计师交流的过程中形成明确的设计任务,委托方需将自己对该产品的定位告知设计师。在双方建立信任后,方可签订委托协议或合同。

二、签订设计任务合同

在与设计师多次沟通后,确定具体的设计任务,包括设计的内容、数量等;委托方需提供农产品的名称、生产地、生产者或者销售者等信息,食品包装还需遵守国家相关法律法规(详见本章第四节);确定设计初稿和终稿提交的截止时间;确定设计费用及支付方式等。费用一般分3次付清,合同签订后支付定金,初稿确定后支付第二部分,提交印刷源文件后付清余款。可要求设计师跟进印刷效果。具体付款方式和比例可双方协定。

三、包装设计调查

设计调查是设计前不可缺少的环节,它为确立包装设计的方向提供理论依据和数据支持。设计调查分为两个方面:一是调查同品类产品(即竞品)的包装方式、产品价格和包装设计风格;二是调查产品的受众人群,分析目标受众人群的特征,包括主要分布区域、年龄区间、性别、生活习惯、偏好等。这样做是为了与市面上的同类产品区别开来,让自己的农产品能精准投放市场获得受众人群的喜爱。

四、包装设计定位和策划

根据包装设计调查结果对包装的设计进行定位。

1. 确定档次

高、中、低不同档次的包装将直接影响材料的选择和印刷工艺。如常见的(或大多数)饮料包装中的玻璃材质就比塑料材质要高出一个档次,大多数玻璃材质的包装比塑料材质的包装也更加精致,因此在包装设计之前,应先确定产品的档次。

2.确定包装材质

不同的材质可体现出不同的产品价值,并带给消费者不同的情感体验。不同材质在结构设计和印刷方面也有很大的差异性。如纸质的印刷与塑料材质和金属材质不同,纸质的成本低且可以在批量印刷前打样和多次调试。但塑料材质与金属材质包装的制作,一次性生产数量多,且设计的容错率较低。

3.确定产品规格和包装方式

产品进行包装时,多少个一袋、多少袋一盒、每袋多少克,这些单位产品规格参数确定了包装方式。包装可按食用农产品的等级进行区分,设计系列包装。包装方式根据销售需求,线上、线下和全渠道对包装要求各有侧重。如线上渠道的包装更注重记忆点和运输的安全性。线上展示的包装主要需要衬托产品和突出产品品牌,让消费者容易识别和记忆,对细节要求不高。另外线上包装涉及运输环节,运输包装的视觉设计需要体现品牌特征,包装需要保障产品在运输过程中的完整性,对缓冲包装设计有一定要求。

4.确定包装设计风格

根据受众人群特征和喜好确定该品牌的设计风格。如产品的受众是儿童,则可采用卡通、颜色鲜艳的包装设计风格。

五、包装创意设计

该阶段为视觉表现阶段,需经过创意草图、电脑平面设计软件来表现。详见本书第五章。

六、包装设计提案

包装设计完成后,将向委托方进行提案。多方位展示包装效果图、结构图,介绍设计目的、创意来源、设计思路等,让委托方对包装有一个整体的认识。

七、包装设计修改和定稿

通过提案,委托方可对包装设计提出修改意见,在双方进行多次交流和修改后,确定最终设计稿件。

八、包装设计印刷源文件提交

根据确定的最终设计稿制作包装平面展开图、结构尺寸图、印刷工艺图等可用于印刷的文件。源文件交付给委托方之前,委托方需对印刷文件的内容进行确认并签字,确认内容包括包装的图片、文字、结构、尺寸等信息。确认后,设计师将包装设计源文件提交给委托方。为了确保印刷效果,建议邀请设计师协助打样。

第三节
影响食用农产品包装设计的综合因素

一、产品研发对包装设计的影响

包装设计作为一种创造性的设计活动,具有很强的从属性和不具备独立存在的特点。包装的发展不仅要受被包裹物的限制和约束,还受到社会发展的极大影响。

在产品研发时,产品的性状和形状直接影响包装的结构设计、材料选择和包装工艺,特别是食品包装。产品是固态的还是液态的,是粉末状的还是条状的,都会影响包装的封口形式,包装要以其本身的物理和化学特性为设计基础。如为了保持葡萄酒的稳定性,通常将葡萄酒瓶设计为深色以避免阳光中紫外线的照射。

在产品造型时,造型的特点可以作为包装设计时的创意点。以下以面条为例。有的面条是卷曲的,有的面条是细长的,有的面条是粗短的,有的面条是圆柱体的。在包装设计时可充分利用面条这些外形的特点,将不同形态的面条作为人的不同发型进行创意设计(如图2-3)。包装设计时需要考虑保护产品的外形和长时间存放的特点,结合当前先进的技术设计包装,让包装更好地保护与展示产品。因此,包装设计可以在产品研发时介入,即把包装设计作为产品研发的一个部分,在产品研发时适当地进行造型设计,并提出意见。这样才能设计出既符合市场的又能将产品的优势表现得淋漓尽致的包装。

图2-3　面条包装设计

二、产品销售渠道对包装设计的影响

产品销售渠道,目前主要分为线上渠道、线下渠道和全渠道三种方式。线上渠道主要有品牌官网、品牌APP、第三方电商平台以及小程序等。线下渠道有商超、专卖店、批发市场、百货商店等。线上线下由于媒介不同,对包装的要求不同,包装设计也要随之调整。

线下渠道销售时,包装设计需要考虑以下三点。第一,包装的吸引力。线下包装要起到促销的作用,首要任务是从货架中脱颖而出。设计上需要考虑货架的陈列效果。如对于包装展示面积比较小的产品来说,可以通过组合产品增加产品的陈列面积,组合产品共同呈现一个完整的包装。在短时间内吸引消费者的眼球,降低消费者的选择成本。第二,包装信息的完整性。在有限的包装面积上,将品牌信息、产品信息、图片信息、说明信息等进行艺术化、科学化的完整表达。第三,包装的细节直接影响消费者的体验。在线下,消费者能近距离观察包装,因此,包装细节及精美程度将会带给消费者不同的情感价值。如包装材料的厚薄、包装表面的肌理触感等。

线上渠道中,包装的展示往往是次要的,产品脱离包装直接进行图片或视频展示。因此,线上销售时的包装设计需要考虑以下三点。第一,更加突出品牌或产品名称，比线下更大更醒目，便于消费者在手机上识别。产品具体信息可以通过详情介绍或咨询客服了解。因此，线上渠道销售时，产品包装吸引顾客和宣传、推销的作用被弱化。第二，在包装设计时，以突出品牌的调性和高颜值为主。如图2-4新鲜香椿包装设计体现了香椿这一产品的特性与礼盒的调性。第三，电商包装的保护功能尤为重要。企业需要关注运输对产品的外形、性能产生的影响，销售包装的作用回到保护上。另外，消费者接触产品包装的第一个地方可能是在快递站，看到产品的第一眼是快递包装，因此快递包装应被视为产品的一个部分，拆箱的整个过程也将影响消费者的体验。

图2-4　新鲜香椿包装设计
（学生：陶玉娟；指导教师：张雄）

全渠道销售产品主要指线上线下同时销售的商品，大部分快消品属于全渠道产品。由于线下渠道成本高、投入大，因此，在全渠道产品包装设计中以线下包装设计要求为主。

三、运输环节对包装设计的制约和影响

运输环节对包装的制约主要有四个方面：一是运输过程中，包装堆码、转运等环节受到托盘尺寸的影响，中国的托盘标准是 1 000 mm×1 200 mm 和 1 100 mm×1 100 mm。在设计包装外盒尺寸时需要考虑托盘标准尺寸，尽量不要浪费空间。二是运输过程中，销售包装表面的颜色易磨损失真，因此在印刷

后尽可能覆膜。三是不仅要考虑电商包装的特点,还要提高运输的效率,主要体现在装箱、打包时使用的缓冲材料、密封材料要便利等方面。包装设计的防错性要强,能让工人只通过常规培训就能上手操作,减少人员培训的成本。四是包装设计时要考虑运输过程中可能出现颠簸和要承受的压力,包装设计需要考虑对产品和销售包装的保护性以及周转和抽检时的便捷性。

四、消费使用过程对包装设计的影响

在消费使用过程中,包装设计的人性化将直接影响商品在使用过程中的便利性。包装的便利性主要包括在视觉中的便利、结构中的便利、回收中的便利等。

1. 视觉中的便利

其主要指通过包装设计能吸引消费者,产品信息易于识别。

①文字的大小要大于人的视觉阈限。视觉阈限指人能识别字体的最小值。低于视觉阈限,文字难以被识别。产品名称需要在一定距离内让消费者易于识别。

②文字的背景色需突出文字内容。文字背景的颜色和文字的颜色需有一定的对比度,这个对比可以是颜色色相的对比、明暗的对比、纯度的对比。此外,包装的颜色种类不宜过多,一般2~3种,颜色过多会显得信息杂乱。

值得注意的是老年人所用产品的包装,主要说明文字不宜过小,便于老年人识别。对于部分儿童食品包装,由于小朋友的识字能力有限,可以借助相关的图片帮助小朋友认识商品。如图2-5所示,包装通过各种水果图片说明产品的口味。

◈ 图2-5　儿童食品系列包装

2.结构便利

其主要指产品包装易于被消费者携带、开启和使用。在使用过程中商品带来不便,将影响体验感。同时,消费使用过程中的意见也能促进包装设计的改进。某调味品生产企业采纳了一位家庭妇女使用后提出的意见,略微扩大了调味瓶孔径,使用时更方便,其销量大增。在结构上设计小的易撕口、易拉条开孔或压痕就能给使用带来极大便利。如图2-6、图2-7、图2-8所示。

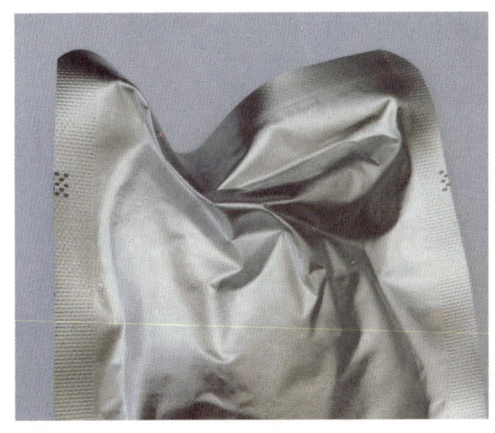

◈ 图2-6　塑料袋包装易撕口、纸箱包装易拉条

◈ 图2-7 便于携带的包装结构设计

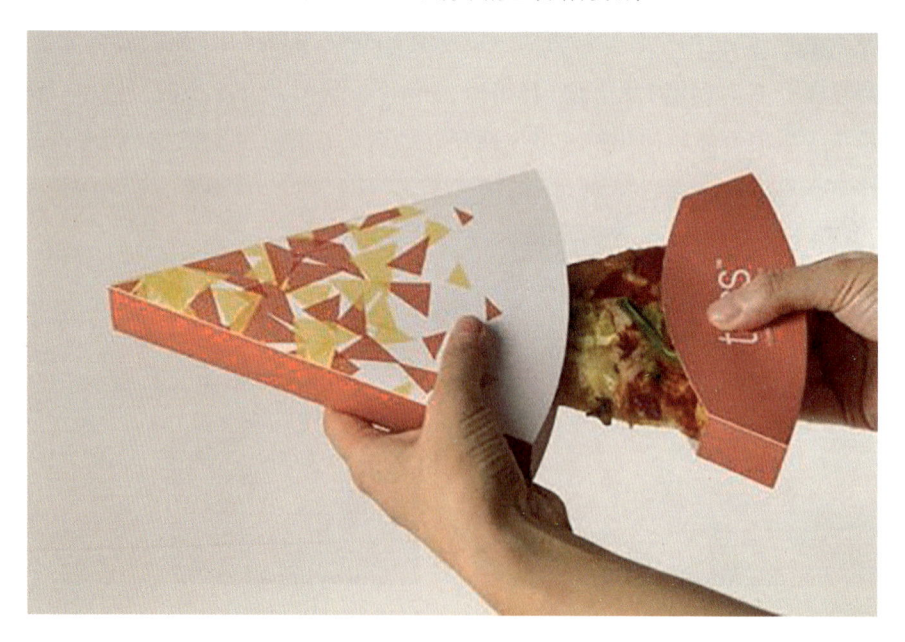

◈ 图2-8 便于使用的包装设计

3.回收便利

其主要指包装在使用完后便于回收再利用,或者材料易分类和降解。如图2-9所示采用纸浆作为环保泡面包装的原材料,便于降解。

图2-9　环保泡面包装

第四节
农产品包装的相关法规和标准

农产品包装是保障农产品安全、提高农产品附加值、促进农产品销售的重要环节。为了确保农产品包装的安全性和规范性，我国制定了一系列与农产品包装相关的法规和标准。这些法规和标准旨在规范农产品包装的生产、使用和管理，确保农产品在流通过程中的质量、安全以及合法性。

一、农产品安全方面的法规和标准

农产品安全方面的法规和标准主要有以下两条。
①《中华人民共和国食品安全法（主席令第二十一号）》。
②《中华人民共和国农产品质量安全法》。

二、农产品包装相关法规和标准

农产品包装相关法规和标准主要涉及包装上的图形和文字的侵权问题，图形主要有商标、摄影作品、插画作品、图案作品、美术作品、AI作品等作品的使用权，文字主要有品牌名称、广告语和说明文字等文字字体的使用权（图2-10）。这些文字、图形组合成的商标或包装设计成果是知识产权管理和保护的对象。为进一步保证食用农产品在销售、发展过程中的合法性、安全性，以下列出与农产品包装相关的主要的法规和标准。

商标
摄影作品
插画作品
图案作品
美术作品
AI作品

图

文

品牌名称
广告语
说明文字

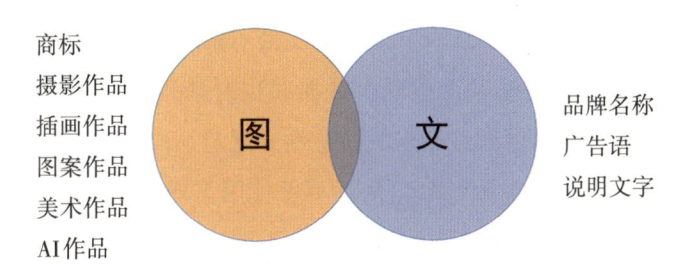

图2-10　包装涉及侵权的主要内容

1.《中华人民共和国商标法》(以下简称《商标法》)

《商标法》在保护企业合法权益、维护市场秩序和促进经济发展等方面都起到重要的作用。商标是指商品生产者或经营者附加在商品的表面或其包装上,借以区别同类或类似商品的显著标志,通常由文字、图形或者文字图形结合而构成。

商标具有以下基本特征:识别性,商标是商品的标志,因此必须具有显著特征,易于识别;排他性,商标是生产者和经营者的无形财产,能够产生价值,因而不允许其他人侵犯或侵害,不许出现混淆和误认;竞争性,商标可以通过树立信誉、标示商品的质量,在市场上向消费者提供商品信息使消费者认牌选购,因而商标在竞争中处于优势地位;固定性,经过国家知识产权局商标局注册登记后,商标的文字、图形及使用范围,不得随意变动。如需变动,必须按法定程序申请,否则将不受法律的保护,还可能因此而侵犯其他人已注册的商标,构成侵权。商标根据其结构可以分为三种。

①文字商标,指由文字组成的商标。文字包括汉字、各少数民族文字、外国文字、汉语拼音、外文字母以及数字。使用文字的字样可以任意选择,但注册以后不能随意变更,出口商品的商标往往需要加上外文名称。在文字商标中,禁止使用商品通用名称和法律禁止使用的词语。

②图形商标,指由图形构成的商标,其特点是生动、鲜明、有吸引力。各种图形的选择由当事人决定,但禁止使用违反法律和有违社会风俗、道德观念的图形。

③记号商标,指由特定记号构成的商标,其特点是简明、易记、醒目,但记号商标中不允许使用商品的通用标记。

④组合商标,指由两个或两个以上的文字、图形或记号结合构成的商标,是一种被采用最多的商标。此类商标注册时也有禁用条款,世界各国的商标法都对某些不能作为商标的标志作了禁止性的规定。

值得注意的是,《商标法》规定,商标不得使用下列文字、图形:同中华人民共和国的国家名称、国旗、国徽、军旗、勋章相同或近似的;同外国的国家名称、国旗、国徽、军旗相同或者近似的;同政府间国际组织的旗帜、徽记、名称相同或者近似的;同"红十字""红新月"的标志、名称相同或者近似的;本商品通用的名称和图形;直接表示商品的质量、主要原料、功能、用途、重量、数量及其他特点的。

2.《中华人民共和国反不正当竞争法》

第二章　不正当竞争行为

第六条　经营者不得实施下列混淆行为,引人误认为是他人商品或者与他人存在特定联系:

(一)擅自使用与他人有一定影响的商品名称、包装、装潢等相同或者近似的标识;

(二)擅自使用他人有一定影响的企业名称(包括简称、字号等)、社会组织名称(包括简称等)、姓名(包括笔名、艺名、译名等);

(三)擅自使用他人有一定影响的域名主体部分、网站名称、网页等;

(四)其他足以引人误认为是他人商品或者与他人存在特定联系的混淆行为。

3.《中华人民共和国专利法》

第二条　本法所称的发明创造是指发明实用新型和外观设计。

发明,是指对产品、方法或者其改进所提出的新的技术方案。

实用新型,是指对产品的形状、构造或者其结合所提出的适于实用的新的技术方案。

外观设计,是指对产品整体或局部的形状、图案或者其结合以及色彩与形状、图案的结合所做出的富有美感并适于工业应用的新设计。

包装设计属于外观设计,应注意外观所有权的保护。

4.《中华人民共和国著作权法》

第三节 权利的保护期

第二十三条 自然人的作品,其发表权、本法第十条第一款第五项至第(七项规定的权利的保护期为作者终生及其死亡后五十年,截止于作者死亡后第五十年的12月31日;如果是合作作品,截止于最后死亡的作者死亡后第五十年的12月31日。

法人或者非法人组织的作品、著作权(署名权除外)由法人或者非法人组织享有的职务作品,其发表权的保护期为五十年,截止于作品创作完成后第五十年的12月31日;本法第十条第一款第五项至第十七项规定的权利的保护期为五十年,截止于作品首次发表后第五十年的12月31日,但作品自创作完成后五十年内未发表的,本法不再保护。

著作权保护期限:是指著作权受法律保护的时间界限。在著作权的期限内,作品受《中华人民共和国著作权法》保护;著作权期限届满,著作权丧失,作品进入公有领域(PD)。PD包含的是全人类的公有文化遗产,任何组织和个人都不对其具有所有权益,比如"清明上河图"、"蒙娜丽莎"、"富春山居图"、王羲之的书法等作品,都早已过了版权保护期。

5.《限制商品过度包装要求生鲜食用农产品》(GB 43284—2023)强制性国家标准

该标准由农业农村部组织起草,于2024年4月1日起实施。该标准的发布实施,将为强化商品过度包装全链条治理、引导生鲜食用农产品生产经营企业适度合理包装、规范市场监管提供执法依据和基础支撑。

该标准明确了蔬菜(含食用菌)、水果、畜禽肉、水产品和蛋等五大类生鲜食用农产品是否过度包装的技术指标和判定方法。主要技术指标包括三方面:一是针对不同类别和不同销售包装重量的生鲜食用农产品设置了10%~25%包装空隙率上限。二是规定蔬菜(包含食用菌)和蛋不超过3层包装,水果、畜禽肉、水产品不超过4层包装。三是明确生鲜食用农产品包装成本与销售价格的比率不超过20%,对销售价格在100元以上的草莓、樱桃、杨梅、枇杷、畜禽肉、水产品和蛋加严至不超过15%。为避免对农业生产经营活动造成不必要的影响或产生新的资源浪费,该标准设置了6个月的实施过渡期,并规定"实施之日前生产或进口的生鲜食用农产品可销售至保质期结束"。实施后,生产经营主体应按照该标准要求,对生鲜食用农产品销售包装进行合规性设计。

市场监管总局(国家标准委)、农业农村部将会同有关部门全面推进标准实施,开展监管执法,引导生鲜食用农产品生产经营主体尽快开展对标达标自评、合理选用包材、规范包装设计。同时,倡导消费者自觉践行绿色消费理念,不选购过度包装的生鲜食用农产品。

①《限制商品过度包装要求食品和化妆品》中对包装空隙率、包装层数、包装成本都做了明确规定。②《定量包装商品计量监督管理办法》中对定量包装的文字信息以及净含量的文字高度都做了严格要求。这两个文件可作具体参考,供商家参考使用。

6.《食用农产品市场销售质量安全监督管理办法》

(2023年6月30日国家市场监督管理总局令第81号公布,自2023年12月1日起施行)

第十二条　销售者销售食用农产品,应当在销售场所明显位置或者带包装产品的包装上如实标明食用农产品的名称、产地、生产者或者销售者的名称或者姓名等信息。产地应当具体到县(市、区),鼓励标注到乡镇、村等具体产地。对保质期有要求的,应当标注保质期;保质期与贮存条件有关的,应当予以标明;在包装、保鲜、贮存中使用保鲜剂、防腐剂等食品添加剂的,应当标明食品添加剂名称。

销售即食食用农产品还应当如实标明具体制作时间。

食用农产品标签所用文字应当使用规范的中文,标注的内容应当清楚、明显,不得含有虚假、错误或者其他误导性内容。

鼓励销售者在销售场所明显位置展示食用农产品的承诺达标合格证。带包装销售食用农产品的,鼓励在包装上标明生产日期或者包装日期、贮存条件以及最佳食用期限等内容。

第十三条　进口食用农产品的包装或者标签应当符合我国法律、行政法规的规定和食品安全标准的要求,并以中文载明原产国(地区),以及在中国境内依法登记注册的代理商、进口商或者经销者的名称、地址和联系方式,可以不标示生产者的名称、地址和联系方式。

进口鲜冻肉类产品的外包装上应当以中文标明规格、产地、目的地、生产日期、保质期、贮存条件等内容。

分装销售的进口食用农产品,应当在包装上保留原进口食用农产品全部信息以及分装企业、分装时间、地点、保质期等信息。

第四十条　销售者违反本办法第十二条、第十三条规定,未按要求标明食用农产品相关信息的,由县级以上市场监督管理部门责令改正;拒不改正的,处二千元以上一万元以下罚款。

三、如何避免侵权

1. 识别字体版权归属

(1)常用字体库

通过字体识别网站或字体公司网站,确定字体的版权归属和使用性质,是免费可商用还是需要购买版权,使用时应按要求避免侵权。

①360查字体。

②求字体网。

③字客网。

④查字体网。

⑤WhatFontls(英文字体)。

⑥方正字库。

⑦汉仪字库。

(2)常用暂时免费可商用字体

①思源黑体、思源宋体、思源柔黑体、站酷高端黑、站酷快乐体新版、站酷黑体、源流明体等。

②阿里巴巴普惠体(允许任何个人和企业免费使用,包括商业用途,但禁

止用于违法用途。)

③方正免费字体:方正黑体、方正书宋、方正仿宋、方正楷体。

④王汉中自由字形。

⑤文鼎公众授权字体。

⑥文泉驿字体。

⑦书体坊字体。

⑧创造新字体:文字变形需超过50%。

第三章
农产品包装材料

- 纸
- 塑料
- 金属
- 玻璃
- 自然生态材料
- 农产品包装材料选择的影响因素

包装材料是包装设计的物质载体。包装的部分保护功能是通过材料来实现的。包装材料不仅是图形传达的基质,而且材料本身也是科学技术和文化特征的反映。随着科技的进步,新型包装材料的形式越来越多样化,从天然材料到合成材料、从单一材料到复合材料都体现了包装设计和消费文化观念。

第一节

纸

以纸和纸板为材料制成的包装称为纸包装。与其他材质包装相比,纸包装具有原料来源广、易于加工、适印性好、低成本、绿色环保、易于回收处理等特点,因此其在包装工业中占有十分重要的地位。

纸和纸板是由纤维无序交织而成的平整、均匀的薄页。一般根据定量(单位面积上纸和纸板的质量,单位 g/m^2,也称克重)与厚度对纸和纸板进行划分。按照国家标准将定量小于 225 g/m^2、厚度小于 0.1 mm 的薄页称为纸,定量大于 225 g/m^2、厚度大于 0.1 mm 的薄页称为纸板。纸和纸板的尺寸分为国际标准和国内标准。国内标准的全开尺寸为 1 092 mm × 787 mm,该尺寸的纸称为正度纸。国际标准的全开尺寸为 1 194 mm × 898 mm,该尺寸的纸称为大开纸。印刷行业中,将全开纸按照一定规格尺寸进行裁切,可得到不同的开本尺寸纸,如图 3-1 所示。大开纸从中间切开后,形成对开纸,其理论尺寸为 597 mm × 898 mm。但实际印刷过程中,需要修边裁切。所以实际成品尺寸=标准尺寸-修边尺寸。即实际成品尺寸比理论标准尺寸小。设计师在设计包装时,考虑实际成品尺寸即可。常用开本的成品尺寸见表 3-1,设计师在设计尺寸时需考虑一定量的出血,常用出血尺寸为 3 mm。

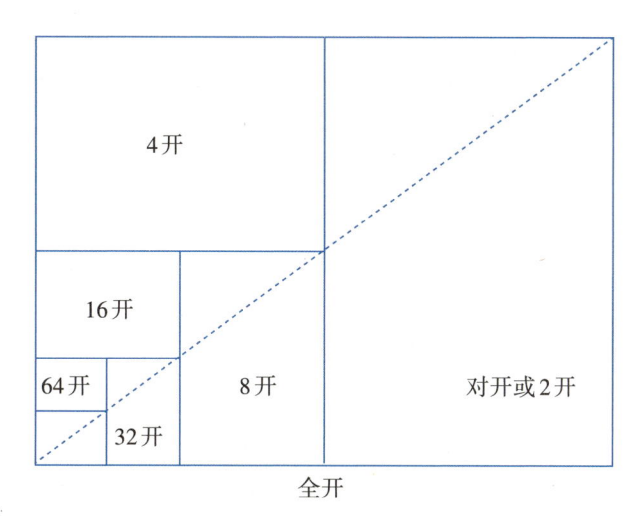

图3-1 常见开本尺寸纸

一、纸的分类和特性

包装纸和纸板的种类繁多且特点、用途各不相同,相关内容已列入表格。根据加工工艺可分为包装纸(如表3-1)、包装纸板(如表3-2)、加工纸和纸板(如表3-3)等。

表3-1 常见包装纸及其特点、用途

种类	特点	用途
牛皮纸	抗张强度高、黄褐色等	纸袋、信封、唱片套、纸袋等
半透明纸	高度防油性、耐脂性、天然半透明等	食品包装用纸、烘焙包装用纸等
鸡皮纸	单面光、颜色像鸡皮、较高耐破度、耐折度和耐水性,强度不如牛皮纸等	食品包装用纸、日用百货包装用纸等
中性包装纸	pH值为7左右	军用包装、金属制品包装等
瓦楞原纸	纤维结合强度好、纸面平整,有较好的紧度和挺度等	瓦楞芯纸

表3-2 常见包装纸板及其特点、用途

种类	特点	用途
白纸板	2~3层结构的白色挂面纸板，不起毛、不掉粉、有韧性、折叠时不易断裂等	纸盒、纸箱、吊牌、吸塑包装的底板等
黄纸板	粪黄色、具有一定强度	低档的中小型纸盒、讲义夹、皮箱衬垫等
灰纸板	厚度较高、紧度较小	纸管、拼图、包装箱盒等

表3-3 常见加工纸和纸板及其特点、用途

种类		特点	用途
加工纸	羊皮纸	厚而结实，不透油和水	机械零件、仪表、化工、药品等的包装
	玻璃纸	透明度高、光泽度强、抗静电、防潮、防锈、防污染等	药品、食品、香烟、化妆品、精密仪器等的包装
	防锈纸	防锈	金属制品与零件等的包装
	淋膜纸	防油、防水、可热封	吸潮粉末、化学药品、医药等的包装
	保鲜纸	成本低、杀菌强、保鲜效果较好	水果、蔬菜、面包、饼干等的包装
	涂蜡纸	半透明、不变质、不受潮、不黏结、无毒等	药品、冷冻食品、肉制品的包装
	胶版纸	抗水性、尺寸稳定性、白度和光滑度较高	标签、纸袋
	铜版纸	表面光滑、白度高、油墨吸收性好	烟盒、标签、广告袋、纸箱、纸盒和复合纸、罐面纸
加工纸板	涂布白纸板	表面平滑度和白度较高、油墨吸收性较好	纸箱、纸盒、纸罐、内衬
	铸涂纸板	镜面般光泽、平滑度较高、油墨吸收性好	高档纸箱、纸盒、纸袋、标签、烟盒

二、纸在农产品包装中的应用

产品经过包装形成包装件,然后通过装卸、运输、贮藏、销售等环节流通至消费者手中。这一过程中,包装起到了非常重要的作用。食用农产品的包装件通常由内包装、缓冲衬垫和外包装三部分组成,如图3-2所示,内包装、外包装和缓冲衬垫对农产品的作用各有不同,因此,它们的材质、造型甚至所含设计也不同,但每一部分都不可少,常见的纸在包装中的应用如图3-3所示。

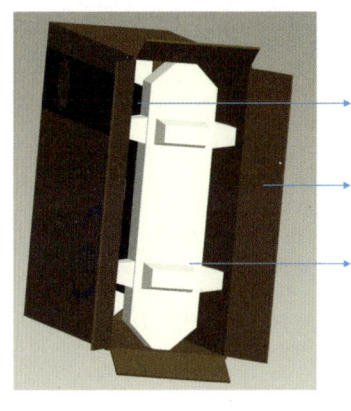

内包装:内装物本身,或销售包装(如牛奶+利乐砖包装)

外包装:常用瓦楞纸箱、蜂窝纸板包装箱、木箱等

缓冲衬垫:常用瓦楞纸板、纸浆模塑、发泡聚苯乙烯、发泡聚乙烯等

图3-2 包装件的组成

糯米纸　蛋糕托　瓦楞纸箱

纸盒　蜂窝纸板包装箱　纸袋

内包装　外包装　缓冲衬垫

瓦楞纸板　纸浆模塑

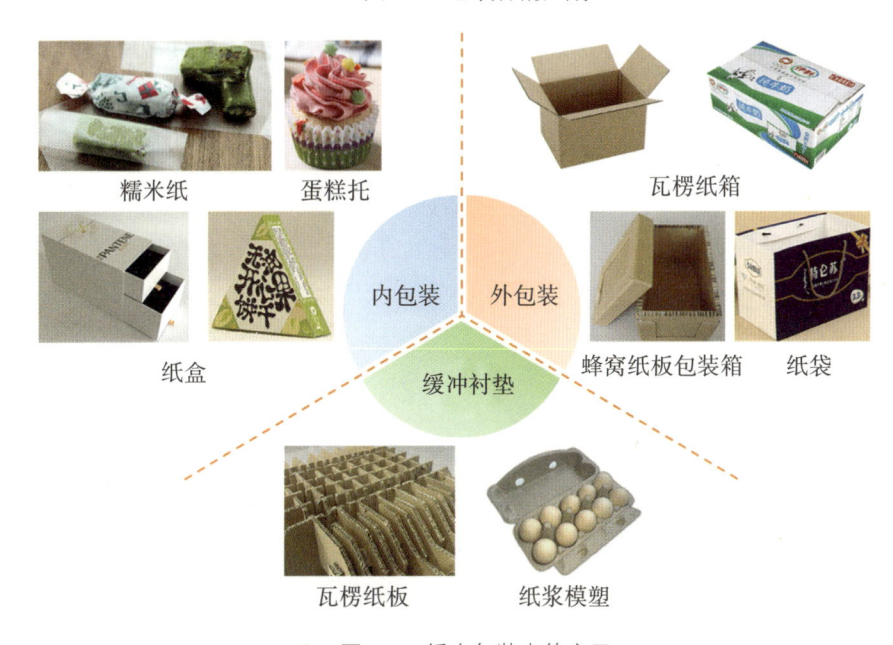

图3-3 纸在包装中的应用

三、纸的结构造型

1. 折叠纸盒的造型与工艺

折叠纸盒是应用范围最广、结构和造型变化最多的一种销售包装,其还起到容器的作用。折叠纸盒一般选用耐折纸板或细小瓦楞纸板为原材料,设计时可以根据纸盒的容积及内装物质量,参考表3-4选择纸板的厚度。

表3-4　折叠纸盒选用纸板厚度(内装物不承重)

纸盒容积 /cm³	内装物质量 /kg	纸板厚度 /mm	纸盒容积 /cm³	内装物质量 /kg	纸板厚度 /mm
0~300	0~0.11	0.46	1 800~2 500	0.57~0.68	0.71
300~650	0.11~0.23	0.51	2 500~3 300	0.68~0.91	0.76
650~1 000	0.23~0.34	0.56	3 300~4 100	0.91~1.13	0.81
1 000~1 300	0.34~0.45	0.61	4 100~4 900	1.13~1.70	0.91
1 300~1 800	0.45~0.57	0.66	—	—	—

折叠纸盒按照成型方式可分为管式、盘式、管盘式和非管盘式等四类。其中,管式折叠纸盒最为常见。该纸盒的盒盖位于的盒面在所有盒面中的面积最小,即 $B<L<H$ 的折叠纸盒。折叠纸盒的盒盖常采用插入式、锁口式、插锁式、封口黏合式、显开痕盖、翻盖式、花形锁等结构,便于内装物的装填且装入后不易自开。其盒底结构常用自锁底、锁底式、花形锁、间壁封底式、间壁自锁底等,这样的结构更利于承受内装物的重量。在实际应用中,根据产品的尺寸和陈列方式来确定包装纸盒的尺寸。

2. 裱糊纸盒的造型与工艺

裱糊纸盒,也称粘贴纸盒或固定纸盒,是用贴面材料将基材纸板黏合裱贴而成。基材主要是挺度较高的非耐折纸板,例如各种草纸板、刚性纸板以及高级食品用的双面异色纸板等。常用厚度范围为1~1.3 mm。内衬选用白纸或白细瓦楞纸、塑胶、海绵等。贴面材料品种较多,有铜版印刷纸、蜡光纸、彩色纸以及布、绢、革、箔等。盒角可以用胶纸带加固、钉合、黏合等多种方式进行固定。与折叠纸盒一样，裱糊纸盒按成型方式可分为管式、盘式和亦管亦盘式三类。

3.瓦楞纸箱的造型

瓦楞纸箱的造型具有多种功能。

①强度与保护。其造型确保纸箱具有足够的强度来承受运输过程中的振动和冲击，与缓冲衬垫结合给箱内产品提供额外的保护。瓦楞纸箱的选用主要取决于内装物的最大重量和最大综合尺寸。瓦楞纸箱选用，可参考《运输包装用单瓦楞纸箱和双瓦楞纸箱》（GB/T 6543—2008）进行。

②堆码与稳定性。在设计纸箱的尺寸和造型时，还考虑它的抗压性能，应达到在堆码过程中不发生破损的要求。同时提高空间利用率，常见的瓦楞纸箱造型的堆码如图3-4所示。

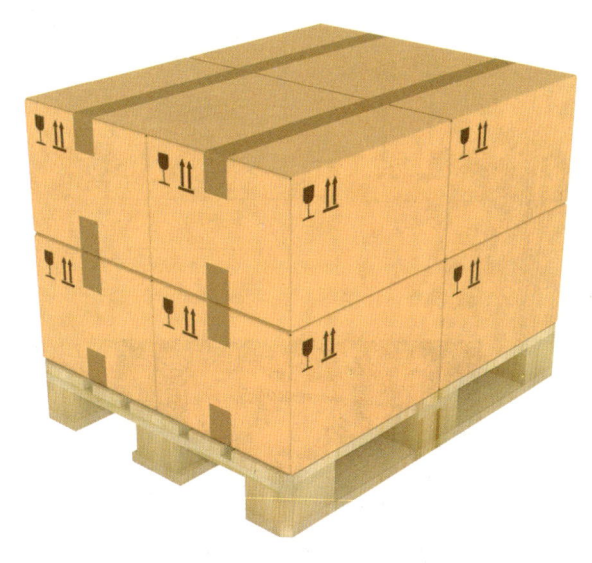

图3-4　瓦楞纸箱的堆码（堆码3层）

③通风与散热。如果运输的农产品对通风或散热有要求，可以在纸箱上设计通风孔或散热结构。如脐橙的纸盒包装，设计开孔可以让脐橙在包装内得到更好的通风，开孔有助于防止其霉变和腐烂，延长保鲜期。（如图3-5）

◈ 图3-5　赣南脐橙包装

④标识与信息。食用农产品的包装设计应使在纸箱合适位置清晰地体现包装储运标志。常用的包装储运标志(如图3-6)包括重量、易碎标志、搬运指示等,以确保运输途中的操作和处理正确。其他详见《包装储运图示标志》(GB/T 191—2008)。除了常见标志外,越来越多的运输包装将产品和品牌的信息呈现在运输包装上,便于运输中的识别,以及消费者在提货时对产品的分辨。如图3-7所示。

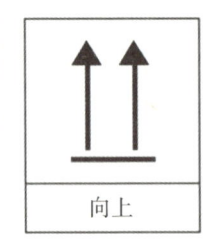

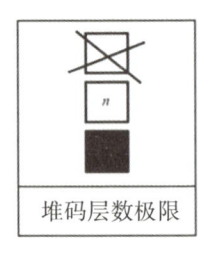

| 易碎物品 | 向上 | 怕雨 | 堆码层数极限 |

◈ 图3-6　瓦楞纸箱上常用包装储运标志

◈ 图3-7　脐橙包装

⑤人体工程学。考虑搬运人员的便利性,农产品的纸盒包装还应设计合适的手柄或握持区域,使搬运更加轻松。如图3-5所示,通风的孔也可用于搬运。如图3-8所示的拉链纸箱,考虑了开箱时的便利性,让使用人员可以不用借助工具就能轻松打开纸箱。

图3-8 拉链纸箱

第二节
塑料

一、塑料的分类和特性

塑料是指由大分子材料和各类小分子助剂组成的、并具有可塑性质的材料。塑料有多种分类方式,其是食用农产品中使用较多的包装材料,常见分类如下。

①按化学结构分类:如聚乙烯(Polyethylene,简称PE)、聚丙烯(PP)、聚苯乙烯(PS)等。

②按热性能分类:分为热塑性塑料和热固性塑料。热塑性塑料可以加热熔融后再成型,如PE、PP等;热固性塑料一旦成型后就无法二次熔融成型,如酚醛塑料、环氧塑料等。

③按用途分类:如包装塑料、工程塑料、医用塑料等。

④按可回收性分类:分为可回收塑料和不可回收塑料。可回收塑料如PE、PP等,不可回收塑料如塑料袋、一次性餐具等。如图3-9所示,设计师们需将每类塑料的数字代号和图形(常见塑料的数字代号和图形如图3-10所示)标在塑料包装袋、塑料瓶底、塑料盖等合适位置,便于回收和重复利用。

可回收再生利用　　不可回收再生利用　　含回收再加工利用塑料

图3-9　塑料的图形和名称

01 PET 聚酯	05 PP 聚丙烯
02 HDPE 高密度聚乙烯	06 PS 聚苯乙烯
03 PVC 聚氯乙烯	07 OTHERS 其他
04 LDPE 低密度聚乙烯	

图3-10　常用塑料的数字代号和图形

塑料的数字代号是由美国塑料工业协会（Society of Plastics Industry，SPI）制定的表示塑料制品种类的代码，这套代码是为了方便垃圾回收处理厂对塑料品种进行识别，从而降低回收成本。其中，1-7的数字代表了塑料所使用的树脂种类。

数字1。其代表的是PET（聚乙烯对苯二甲酸酯），常见矿泉水瓶、碳酸饮料瓶等，易变形，耐热至70 ℃，高于70 ℃会溶出对人体有害的物质。1号塑料瓶使用10个月后，可能释放出致癌物DEHP。该类塑料制品不能放在汽车内晒太阳，不要装酒、油等物质。

数字2。其代表的是HDPE（高密度聚乙烯），常见白色药瓶、清洁用品、沐浴产品。装有清洁用品、沐浴产品的塑料容器或是在商场中通用的塑料袋多是此种材质制成的。还有一些工业用品，可耐110 ℃的高温。该类塑料制品可用来盛装食品，但常因难清洗、易残留，从而变成细菌的温床。

数字3。其代表的是PVC（聚氯乙烯），常见雨衣、建材、塑料膜、塑料盒等，可塑性强、价钱较低，故使用很普遍。耐热至81 ℃，高温时容易有不好的物质产生，一般不用于食品包装，难清洗易残留，不能循环使用。

数字4。其代表的是LDPE(低密度聚乙烯),是保鲜膜、塑料膜的原料,耐热性不强。合格的PE保鲜膜在温度超过110 ℃时会热熔,残留的是一些人体无法分解的塑料制剂。若其包裹食物并一起加热,食物中的油脂更容易将保鲜膜中的有害物质溶解出来。

数字5。其代表的是PP(聚丙烯),常见于豆浆瓶、优酪乳瓶、果汁饮料瓶、微波炉餐盒,耐130 ℃高温,熔点高达167 ℃。此类塑料制作的塑料盒可以放进微波炉,小心清洁后可重复使用。

数字6。其代表的是PS(聚苯乙烯),常见于碗装泡面盒、发泡快餐盒。此类塑料制品不能盛装强酸(如柳橙汁)、强碱性物质,其会分解出对人体有害的聚苯乙烯(致癌物质)。PS虽然又耐热又抗寒,但也会因温度过高而释出化学物,因而不能直接在微波炉中加热此类碗装泡面盒。

数字7。其代表的是OTHERS,常见于奶瓶、太空杯等。其是被大量使用的一种材料,因含有双酚A而备受争议。在理论上,只要在制作过程中,把双酚A全部转化成其他物质,便表示制品中完全没有双酚A。但没有厂家能够保证双酚A已被完全转化,因而在使用过程中遇到标有07的塑料制品时,还需要注意。

近年来,随着全球对一次性不可降解塑料的限制性使用,市面上衍生了如可降解聚乳酸(PLA)吸管、餐盒、水果托盘等绿色包装。这些可生物降解塑料制作的绿色包装广泛使用,原材料还可以选择聚对苯二甲酸-己二酸丁二酯(PBAT)、聚己内酯(PCL)、聚羟基丁酸共聚酯(PHBV)以及聚-3-羟基丁酸酯(PHB)。同样,使用这些材料制作包装时仍需要把可生物降解塑料的标识放置在包装袋、包装瓶或盖的合适位置。常见可生物降解塑料的标识,如图3-11所示。

>PBAT70+CaCO$_3$ 30<　　　>PLA<　　　>PBAT70+PLA30<

图3-11　常见可生物降解塑料的标识

二、塑料在食用农产品包装中的应用

除了利用单一材质制作塑料包装,设计包装时还常常考虑结合各类材料优点使用。在材料设计与选择时,设计人员需要考虑内装物、内层塑料与食品接触的安全性、适印性、热封性等。以经典的利乐包装为例,其包装各层材料及作用如图3-12所示。以易吸潮和氧化的饼干为例,常见饼干包装多为三层复合材料,外层选用PP或PE,适印性良好、阻隔外界水汽,中间层选用阻氧较好的铝箔或者PA,内层选用PE,热封性良好。

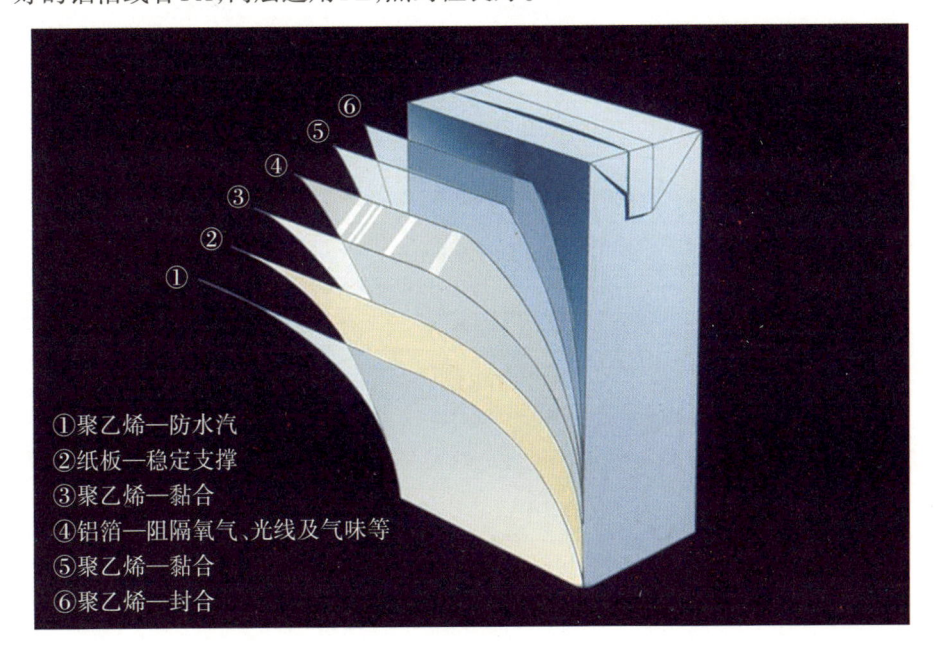

①聚乙烯—防水汽
②纸板—稳定支撑
③聚乙烯—黏合
④铝箔—阻隔氧气、光线及气味等
⑤聚乙烯—黏合
⑥聚乙烯—封合

图3-12 利乐包装各层材料及其作用

常见复合包装材料设计及用途见表3-5,人类实际生产中的塑料包装应用如图3-13所示。

表3-5　常见复合包装材料设计及其用途

包装对象	复合薄膜材料	用途
肉类农产品	PET/PE	真空、无菌包装
	PA/PE	腊肉等包装袋
	PVC/PE	真空、无菌包装
	PE/PA/PE	肉类包装袋
脱水农产品	PVDC/PET/PE	粉状食品包装
	EVA/PP/EVA	脱水蔬菜包装
干燥农产品	PP/PE/EVA	香菇干,面粉
	HDPE/EVA	
	PP/LDPE/EVA	
液体农产品	PET/PE	咖啡液包装袋
	PVDC/PET/PE	番茄酱、果汁包装袋
	PA/PE	饮料、酱菜、食用油包装袋等
蒸煮农产品	PET/PVDC/HDPE	膳食中的主菜包装袋
	PA/PP	
	PA/HDPE	
需充气农产品	PET/Al(铝箔)/LDPE	可食用农品包装袋
	PET/PVDC/PE	

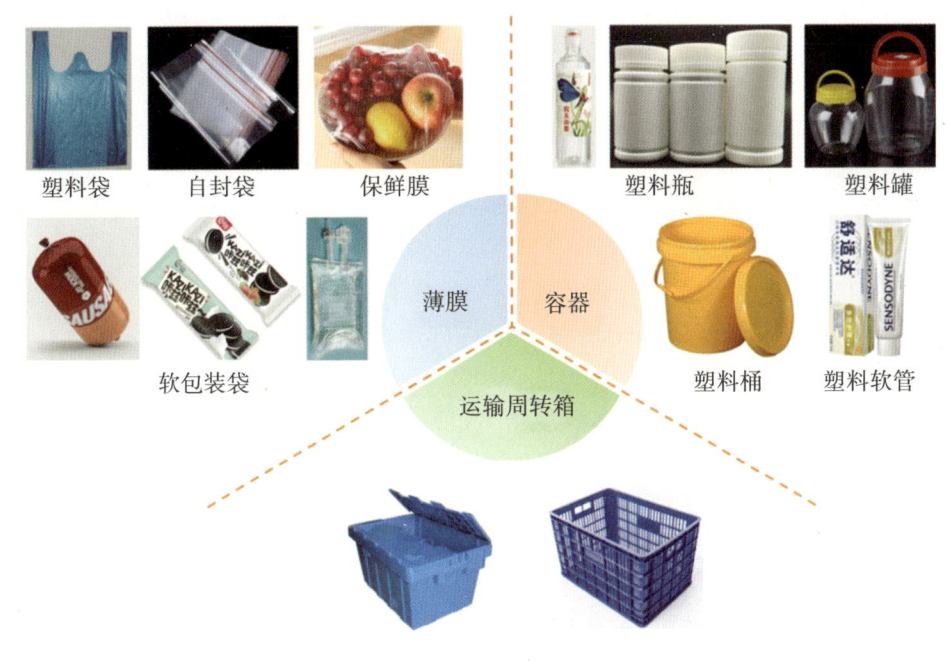

塑料袋　自封袋　保鲜膜　塑料瓶　塑料罐

软包装袋　薄膜　容器　塑料桶　塑料软管

运输周转箱

☀ 图3-13　塑料包装的应用

三、塑料容器造型

塑料容器包装的常见形式为薄膜和塑料瓶，其中塑料薄膜通常是用挤出吹塑成型法制成的。

第三节
金属

一、金属的分类和特性

包装中主要使用的金属材料的种类有：钢铁、铝、铜、锡、锌等。其中使用较多的原材料主要为铜材、铝材及其合金材料，常见的包装用钢材、铝材及相关特性分别如表3-6、表3-7所示。

表3-6 常见包装用钢材及其特性

种类	特点	用途
低碳薄钢板	碳含量小于0.25%的薄钢板，可直接制成金属容器	进行表面涂层处理后可用于制作食品和饮料容器
镀锡薄钢板（马口铁）	双面镀有纯锡的低碳薄钢板	大量用于罐头工业，也可用来制作其他非食品罐
镀锌薄钢板（白铁皮）	在低碳薄钢板上镀一层厚于0.02 mm的锌保护层，防腐能力较强	工业产品包装容器
无锡薄钢板（镀铬薄钢板）	双面镀有铬和铬系氧化物的低碳薄钢板，是马口铁的替代材料	大量用于腐蚀性要求较低的啤酒罐、饮料罐以及食品罐的底盖等
运输用包装用钢材	强度高，耐腐蚀性较好	用于制造运输包装用的大型容器，例如集装箱、钢罐、钢桶等

表3-7　常见包装用铝材及其特性

种类	特点	用途
铝板	纯铝或铝合金薄板,可部分替代马口铁	饮料罐、药品管、牙膏管等
铝箔	采用纯度在99.5%以上的电解铝板,经压延制成,厚度在0.2 mm以下	一般作为阻隔层,与其他材料复合使用
镀铝薄膜	该材料的基材主要是塑料薄膜和纸张,表面镀有极薄的铝层	制作衬袋材料

二、金属在包装中的应用

金属的化学组成不同,其在包装中的应用场景也不相同,常见应用如图3-14所示。常见金属包装广泛用于各类罐装农产品的包装中,如罐装茶叶、果干、蜂蜜等。

图3-14　金属在包装中的应用

三、金属容器造型

与先出现的三片罐相比,金属罐是由罐盖、罐身和罐底三部分组成的,罐身是金属薄板卷曲后通过焊接做成的薄壁圆筒,罐盖(底)与罐身的连接都采用"二重卷边"技术。

后出现的两片罐,其罐体中的罐身和罐底是一体的,容器的外部光洁、完整、美观。这样既简化了加工工序,又节约了材料,还改善了容器的结构强度。这类金属罐的罐盖通常采用易开启结构,例如易拉罐。

第四节
玻璃

一、玻璃的分类和特性

玻璃按照其化学成分可分为钠钙硅酸盐玻璃（主要成分为 Na_2O、CaO 和 SiO_2）、硼硅酸盐玻璃（主要成分 B_2O_3）、晶质玻璃（玻璃中含铅、钡或锌）和乳浊玻璃（玻璃中添加乳浊剂）。

钠钙硅酸盐玻璃是最常见的玻璃材料，具有透明、坚硬耐压，良好的阻隔、耐腐蚀、耐热和光学性质，多种成型和加工方式将其制成各种形状和大小的包装，有容器作用。

1. 玻璃容器的设计与工艺

从制瓶技术分类，玻璃容器可分为小口瓶（瓶口内径不大于 20 mm）、大口瓶（瓶口内径大于 20 mm）、罐、圆柱玻璃瓶、日用包装玻璃瓶和大型瓶。玻璃容器的成型主要包括玻璃液的形成与制品定型两个阶段。玻璃液的形成主要由硅酸盐形成、玻璃形成、澄清、均化、冷却等五个阶段组成。玻璃容器的制品定型则主要由供料、制瓶和退火处理组成。其中，制品定型工艺主要分为吹吹法和压吹法。吹吹法的生产工艺主要包括装料、瓶口成型、吹成型坯、型坯翻送、吹气成型，常用于制备小口瓶；压吹法的生产工艺主要包括装料、压成型坯、冲压、型坯翻送和重热伸长成型，常用于制作大口瓶。

玻璃容器的重量决定于设计尺寸，而壁厚是玻璃容器瓶身结构设计的关键因素之一。如果壁厚过大，玻璃熔化和容器冷却的热耗大幅增加，而且瓶壁内易产生应力，使得容器在脱模和冷却时产生形变。即壁厚不能提高玻璃容器的强度,反而会增加瓶重,延长制作周期,造成产品缺陷。同时,玻璃容器的壁厚要均匀,如果结构上需要壁厚变化,则厚度过渡处应呈平缓的圆弧状。我国标准规定了部分玻璃容器的瓶身和瓶底厚度,《玻璃输液瓶》(GB/T 2639—2008)规定了不同标线容量(50、100、250、500、1 000 mL)玻璃瓶的瓶身厚度和瓶底厚度;《玻璃容器白酒瓶质量要求》(GB/T 24694—2021)规定了瓶身厚度应≥1.2 mm,瓶底厚度应≥3.0 mm等。设计师在设计玻璃瓶时,需要充分考虑玻璃的制造工艺,且需要根据标准合理设计玻璃瓶的相关尺寸和结构。

玻璃容器在完成灌装后要用合适的方法进行封口,其目的是防止内装物洒出或氧化腐败。各产品对封口要求不同,相应的瓶口结构也不相同。常见的瓶口结构有罐形瓶口、螺纹瓶口、塞形瓶口、磨塞瓶口、喷洒瓶口、抗生素瓶口、真空瓶口。我国标准规定了部分瓶口的尺寸设计,例如《玻璃容器 26H126 冠形瓶口尺寸》(GB/T 37855—2019)规定了冠形瓶口各部名称和各部尺寸;(GB/T 17449—1998)《包装 玻璃容器 螺纹瓶口尺寸》规定了螺纹瓶口各部的尺寸;《玻璃容器 真空凸缘瓶口》共有14个部分,其相关文件规定了不同旋转角度瓶口各部的尺寸。

2. 玻璃在包装中的应用

根据其化学组成成分的差异,玻璃的应用也不同。玻璃在包装中的常见应用场景如图3-15所示。

玻璃材质的包装也可作为农产品的容器,因此,常用于食用油、果汁等液体类农产品,根据销售和展示需要,还可定制且成本较低,因此玻璃广泛用于农产品包装。

图3-15 玻璃在包装中的应用

第五节
自然生态材料

一、自然生态材料的分类和特性

自然生态材料是指在自然界中已存在的且未经加工或基本不加工就可直接使用的材料。例如竹、木材、野生藤、草、芦苇等,其特性如下。

①来源广泛,易于制造,价格低廉。

②种类丰富,适用性强,可满足各种包装用途。

③资源可再生,环保,废弃后容易在自然环境中降解。

④外观和谐、自然,对人的危害少,与人的亲和感强。

二、自然生态材料容器的造型

自然生态材料容器的造型一般根据内装物的结构特点进行设计,木材和竹材多采用如切削、刨、砂光等自动化工艺加工或手工制作,而其他生态材料(如藤、草)等常采用编织等方式加工成型,造型结构多种多样。

三、自然生态材料在包装中的应用

自然生态材料如直径较大的木材,经过切、销、刨等加工工艺,可制成形状各异的木盒,用于包装红酒、化妆品等最终成为高端礼盒。竹材因其具有良好的机械加工性和编织性,可加工成竹盒、竹篮、竹帘等,用于化妆品、食品等的包装。此外,藤、麻等具有良好编织性的生态材料,也可用于食品、日化品等的包装。上述自然生态材料的应用场景如图3-16所示。

自然生态材料在食用农产品的应用如下示例。通常是农户自用,此类农产品目前处于完善阶段,且价格低销售范围小。

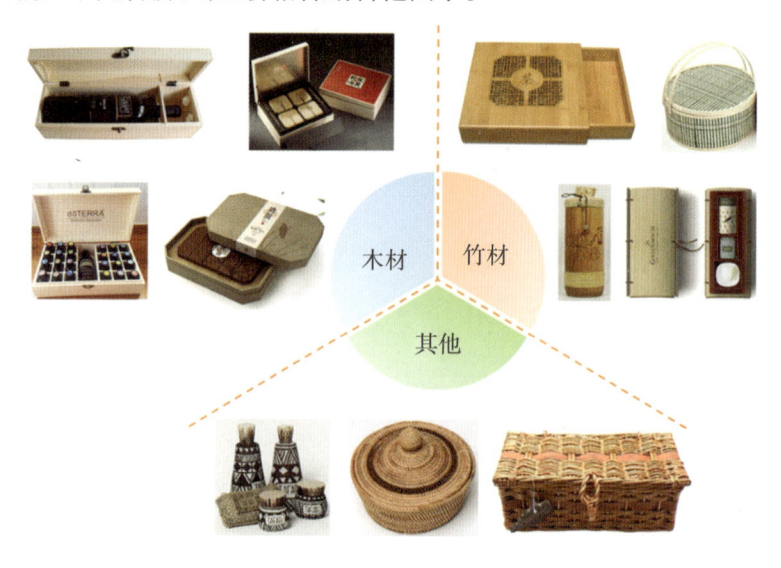

图3-16 自然生态材料在包装中的应用

第六节
农产品包装材料选择的影响因素

在选择食用农产品的包装材料时,必须考虑以下五点。

一、安全性

符合农产品特性的包装,能保证食品在贮藏、堆码、运输、搬运过程中能够抵抗外界的各种破坏,故包装需要具有一定强度。因此,农产品的运输包装常采用抗压强度较高的 A 型或 AB 型瓦楞纸箱。

二、保鲜性

保鲜性要求一般从以下四个方面考虑。

1. 阻隔性

阻隔性是食用包装的重要性能之一。很多农产品在贮藏与包装中,由于包装阻隔性差,其风味和品质发生变化,最终影响产品质量。满足农产品对阻隔性的要求,一般根据农产品需求选择包装的原材料。例如,为了使火腿保持原有口感与品质,常采用高阻隔性的 PVDC 薄膜作内包装。

2. 呼吸性

农产品对呼吸的要求就是对包装材料或容器的透气性、贮藏环境的温度与气体成分的要求。不同的农产品对包装的要求不同,主要是需要包装来控制呼吸。包装控制呼吸的具体方法包括控制呼吸速度、调节和控制包装内各种气体的比例。例如,市面上流通的腊肠、腊肉等农产品常采用气调包装进行保鲜。

3. 耐温性

很多农产品承受不了高温,因此为了避免农产品因温度升高而变质,常需要通过耐温耐热的包装及容器进行隔温隔热。例如,纸塑铝复合材料,特别是鲜肉类的包装就是利用多层复合材料具有隔温隔热的性能达到保鲜的目的。

4. 避光性

紫外线对农产品具有较大的破坏性,其破坏性体现在对营养、色香味的损害方面。例如,百利包中添加了黑色色料,对紫外线具有较高的阻隔作用。

三、展示性

对于水果、蔬菜等食用农产品,需要通过包装的开窗展示其外观,增加消费者的购买欲望。

四、成本因素

包装材料的成本也是一个重要的考虑因素,需要在保证质量的前提下选择经济实惠的材料。

五、其他因素

食用农产品对其包装还有其他许多要求,结合其自身的特点,还可考虑防碎包装、保湿包装、防潮包装等。例如,淀粉类制品(粉条、面条)、鸡蛋易碎,通常用充气包装防碎;含有一定水分或油性的食用农产品,利用包装材料的特性使水分不易快速挥发,以保证其柔软性和弹性。

第四章
农产品贮藏与物流包装技术

- 收缩包装与拉伸包装技术
- 防氧包装技术
- 防振包装技术
- 防霉变包装技术

包装技术是指为了保护产品、方便运输和销售，以及满足消费者需求而采用的一系列方法和手段。它包括了选择合适的包装材料、设计合理的包装结构、采用适当的包装工艺。比如，对于易破损的食用农产品，采用缓冲材料包装防止其在运输过程中受损；对于易腐的食用农产品，采用冷藏或真空包装来延长其保质期；对于需要展示的食用农产品，设计透明或有吸引力的包装。常用于食用农产品的包装技术有收缩、拉伸、真空、充气、吸氧、防虫、防霉等。包装技术应有利于农产品在整个供应链中保持良好的状态，但同时也要考虑环保、成本和消费者体验等因素。它不仅与产品的外观和保护相关，还能影响农产品的市场竞争力。

第一节

收缩包装与拉伸包装技术

一、收缩包装技术

收缩包装是用收缩膜裹包农产品及其包装件，然后使薄膜收缩包紧的包装方法。

收缩包装技术是将经过预拉伸的塑料薄膜、薄膜套或袋，在考虑其收缩率等性能的前提下，将其裹包在被包装农产品的外表面，并用适当的温度加热，让薄膜紧贴农产品外轮廓进行收缩，并紧紧地包裹，起到包裹、固定、保护、美化的作用。这种技术中常使用的膜通常被称为热收缩膜。

1. 热收缩膜的种类

热收缩膜的种类有很多，如 PE 热收缩膜、PVC 热收缩膜、POF 热收缩膜、OPS 热收缩膜、PET 热收缩聚酯薄膜等。

不同类型的热收缩膜具有不同的特点,如PE热收缩膜柔韧性好、耐冲击、抗撕裂性强,不易断裂,不怕潮,收缩率大。PVC热收缩膜透明度高、光泽度好、收缩率高;POF热收缩膜表面光泽度好、韧性好、抗撕裂性高,热收缩性均匀;OPS热收缩膜具有高强度、高刚性,形状稳定,光泽度和透明度好等特点。

在使用收缩包装时,应根据农产品的特点和要求选择适合的收缩膜,以确保农产品的安全性和适应性。

2.收缩包装的特点

如图4-1所示,以鱼片收缩包装为例,不同类型鱼片产品,相应收缩包装技术也不同,但鱼类产品使用的收缩包装主要有以下4个特点。

①透明性。收缩薄膜一般是透明的,经热收缩后紧贴于鱼片外部,能充分显示鱼片的色泽、大小、品质,大大增强陈列效果。

②韧性。薄膜材料具有一定的韧性,收缩性较均匀,在棱角处不易撕裂。其他农产品常借助托盘将多个产品放在一起,用薄膜打包固定。

③保护性。薄膜能起到防污、防潮、保鲜的作用,能延长鱼片的货架期。

④密封性。薄膜可保证鱼片在运输过程中处于密封状态,可防止开启或破坏。

图4-1 鱼片收缩包装

3. 常用收缩包装技术的农产品

①水果和蔬菜。如图4-2,苹果、橙子、香蕉、胡萝卜、西兰花等,收缩包装可以保持它们的新鲜度和展示外观。

图4-2 水果蔬菜收缩包装

②肉制品。如图4-3,火腿、香肠、鸡肉等,收缩包装可以防止肉制品受到污染和变质。

图4-3 鸡肉收缩包装

③干货。如果干、坚果、茶叶、香料等,收缩包装可以保持其干燥和防止潮湿。

二、拉伸包装技术

拉伸包装技术是将拉伸薄膜在常温下拉伸,对农产品及其包装件进行裹包的一种方法,多用于托盘货物的裹包。

这种方法用的是具有弹性(可拉伸)的塑料薄膜,在常温下将薄膜围绕农产品进行拉伸,利用薄膜拉伸后的自黏性和弹性将农产品裹紧。此方法常与托盘结合使用。

1.拉伸薄膜种类

用于食用农产品包装的拉伸薄膜通常需要满足食品安全标准,并且具有良好的阻隔性能、透明度和机械强度。以下是一些常用于食品农产品包装的拉伸薄膜。

①PE拉伸薄膜:PE拉伸薄膜是一种常见的食用农产品包装材料,具有良好的柔韧性、透明度和防潮性能。如水果、蔬菜、肉类、禽类等农产品。

②聚氯乙烯(PVC)拉伸薄膜:PVC拉伸薄膜也可用于食用农产品包装,但需要注意的是,PVC含有一些对人体健康有一定影响的添加剂,如塑化剂。因此,在选择PVC拉伸薄膜时,需要确保其符合食品安全标准。

③聚对苯二甲酸乙二醇酯(PET)拉伸薄膜:PET拉伸薄膜具有良好的透明度、阻隔性能和机械强度,常用于包装饮料、食用油等。

④PP拉伸薄膜:PP拉伸薄膜具有较好的耐热性能和机械强度,可用于一些需要高温处理或灭菌的产品包装。

2.拉伸薄膜的特点

①常温性。拉伸薄膜包装时不能加热,适合于不需要加热的产品,如鲜肉、冷冻食品、蔬菜等。

②裹包力可控性。拉伸包装技术可以准确地控制薄膜的裹包力,防止农产品被挤碎。

③低成本性。其技术成本比收缩包装的低,不需要加热收缩的设备。

④透明性。拉伸薄膜透明,便于展示商品。

三、收缩包装与拉伸包装的比较

收缩包装与拉伸包装各有利弊,具体如下。

1.收缩包装的利弊

(1)优点

①提供良好的密封和防护,能有效防止灰尘、湿气和其他污染物进入农产品。

②可适用于各种形状和尺寸的农产品,包括不规则形状的农产品。

③包装后的农产品外观整齐、美观。

(2)缺点

①使用时需要加热设备,增加了成本和操作复杂度。

②收缩过程中可能会对农产品造成一定的压力,可能不太适用于某些脆弱的农产品。

③在某些情况下,收缩包装可能会影响农产品的可视性。

2.拉伸包装的利弊

(1)优点

①不需要加热设备,包装过程相对简单且快速。

②对农产品的形状限制较少,适用于复杂形状农产品。

③可以保持农产品的良好可视性。

(2)缺点

①防护性能相对较弱,不太适用于需要高度防护的农产品。

②在某些情况下,拉伸包装可能不如收缩包装那样紧密和牢固。

包装方式的选择取决于产品的特点、包装要求和成本等因素。例如,对外观要求较高的农产品,可能更倾向于选择拉伸包装;而对于需要更好防护的农产品,收缩包装可能更合适。在实际应用中,也可以考虑将两种包装方式结合使用,以达到最佳的包装效果。

第二节

防氧包装技术

氧气是生物生存的必要条件。氧气会使农产品发生氧化反应,导致农产品的质量下降,如颜色变化、味道变化和营养价值损失;氧气还会使农产品滋生微生物。因此,在农产品储存中,控制氧气的含量可以抑制某些有害微生物的生长,从而延长农产品的保质期。而对于一些新鲜的水果和蔬菜,适量的氧气又可以帮助它们进行呼吸,维持新鲜度。因此,根据不同农产品的需求,控制气体种类及含量,可以保证农产品的品质。

一、真空包装技术

真空包装是将农产品装入气密性包装容器,抽去容器内部的空气,使密封容器内达到预定真空度的一种包装方法。

1.真空包装技术的特点

真空包装技术是一种用于食品、药品、电子产品等领域的包装技术,它具有以下特点。

①防止氧化。真空包装可以去除包装内的氧气,防止农产品氧化变质,延长保质期。

②防潮防湿。真空包装可以防止包装内的水分蒸发,保持农产品的水分含量,防止其受潮变质。

③防止细菌生长。真空包装可以降低包装内的氧气含量,抑制细菌的生长和繁殖,提高农产品的安全性。

④具有保护作用。真空包装可以保护农产品不受外界环境的影响,如冲击、挤压等,提高农产品的稳定性和可靠性。

⑤节省空间。真空包装可以缩小农产品的体积,节省包装材料和运输成本。

2.常用真空包装产品

在包装食用农产品时,常用真空包装技术的农产品主要有如下几种。

①肉制品。如火腿、香肠、卤肉等,真空包装可以防止肉制品变质和氧化。

②坚果和干果。例如杏仁、腰果、葡萄干等,真空包装可以保持它们的口感和新鲜度。

③海鲜产品。鱼、虾、贝类等海鲜可以通过真空包装来延长保质期。

④茶叶。真空包装可以防止茶叶受潮、氧化和香气散失。

⑤某些蔬菜和水果。比如一些容易腐烂的蔬菜(如芦笋、西兰花)和水果(如草莓、蓝莓)受益于真空包装,保质期延长。

二、气调包装技术

气调包装(Modified Atmosphere Packaging,简称MAP)是一种通过控制包装内气体成分,将惰性气体充入密闭包装中来延长食品保质期的包装方法。它通过调整包装内的氧气、二氧化碳和氮气等气体的比例,创造一个适宜的环境,以抑制微生物的生长、减缓氧化过程从而延长农产品的新鲜度。

1.气调包装技术的特点

①延长农产品保鲜期。通过控制包装内的气体成分,可以有效地抑制微生物的生长和繁殖,从而延长农产品的保鲜期。

②保持农产品原有风味。气调包装技术可以防止食品中的氧气和水分流失,保持农产品的原有风味和营养成分。

③保护农产品安全。气调包装技术可以有效地防止农产品在储存和运输过程中受到外界环境的污染,提高农产品的安全性。

④增加农产品附加值。气调包装技术可以提高农产品的品质和附加值,增强市场竞争力。

⑤降低包装成本。气调包装技术不需要使用过多的包装材料,降低了包装成本。

2.常用气调包装技术产品

食用农产品中,常用气调包装技术的产品有如下。

①水果和蔬菜。如苹果、香蕉、橙子、番茄、西兰花等。通过控制气体成分,气调包装技术可以延长它们的新鲜度和防止它们过早腐烂。如苹果的包装中可以充入氮气和二氧化碳的混合气体,以延长其保鲜期。

②肉类和禽类。如牛肉、鸡肉、猪肉等。气调包装技术可以抑制微生物生长,延长保质期,并保持其色泽和口感。如牛肉的包装中可以充入氮气和二氧化碳,来抑制微生物的生长。

③海鲜产品。如鱼、虾、贝类等。合适的气体成分可以延缓海鲜的变质过程,保持其新鲜度和质量。如鱼的包装中可以充入氧气和二氧化碳的混合气体,以保持鱼的新鲜度。

④奶制品。如奶酪、酸奶等。气调包装可以防止奶制品变质和氧化,延长其保质期。奶酪的包装中可以充入氮气,来防止氧化和变质。

⑤面包和糕点。适当的气体环境可以使面包保持松软和新鲜,防止其干燥和硬化。如面包的包装中可以充入氮气,防止面包变硬。

三、真空包装与气调包装比较

真空包装与气调包装是为了解决同一问题而使用的两种不同的方法,它们都使用了高度防透氧材料。包装设备大多也相同,都是通过控制包装内的气体来延长农产品的保质期。

从农产品来说,液体类、发泡类、粉状类和黏稠状的不能使用真空包装。

从加热处理来说,真空包装可以加热,而气调包装不能加热。

从农产品品质来说,鲜食农产品气调包装的保鲜效果优于真空包装。

四、脱氧剂包装技术

1.脱氧剂包装技术概念

脱氧剂包装技术是在密封的包装内,加入能与氧气发生反应的吸氧剂,吸氧剂可吸收包装内的氧气,使内装物在无氧条件下保存。现通常将吸氧剂放入透气的小袋中,然后再放进包装内,其包装如图4-4所示。

脱氧剂包装技术弥补了真空包装技术和充气包装技术中物理除氧不能达到100%的不足,主要用于农产品保鲜,如果干、茶叶等。

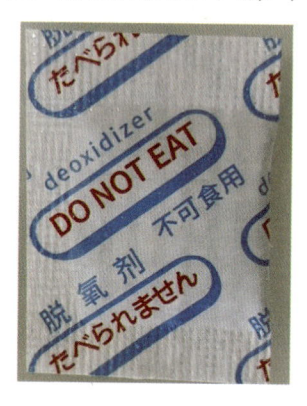

图4-4 脱氧剂包装

2.脱氧剂包装技术的特点

①防止氧化。脱氧剂可以有效地吸收包装内的氧气,防止农产品氧化变质,延长其保鲜期。

②保持口感。脱氧剂可以防止农产品在储存过程中受潮、结块、变形等,保持其原有的口感和风味。

③安全无毒。脱氧剂是一种无毒无害的物质,不会给人体健康造成危害。

④使用方便。脱氧剂可以直接放在农产品包装袋内,无须特殊的设备和操作程序,使用非常方便。

⑤适用范围广。脱氧剂可以用于各种农产品的保鲜,包括肉类、鱼类、水果、蔬菜等。

第三节
防振包装技术

防振包装技术又称缓冲包装技术,它是指在产品外表面周围使用能吸收冲击或振动能量的缓冲材料,使产品不受物理损伤的一种包装方法。缓冲材料可以吸收大量的冲击能量,起到隔振作用,是以防止产品因振动和冲击出现损伤而使用的保护材料。缓冲材料是防振包装技术的关键因素,在材料的选择、造型及结构设计等环节中,防振包装技术融入其中。因此,常从缓冲材料角度介绍防振包装技术。

一、缓冲材料的种类

在农产品运输包装中,缓冲材料主要起到保护农产品免受碰撞、振动等外界因素损坏的作用。常见的缓冲材料包括泡沫塑料(如EPS、EPE)、气泡膜、纸质缓冲材料、天然纤维填充物(如木丝、稻草)以及新型生物降解材料等。这些材料各具特点,如EPS和EPE具有优良的防振性能和较轻的质量,气泡膜具有良好缓冲效果的同时也可印刷,纸质缓冲垫则易于回收和降解。

二、缓冲材料在食用农产品运输包装中的应用

缓冲材料在食用农产品运输包装中的应用广泛,能够有效降低食用农产品在运输过程中的破损率,保证食用农产品的品质和安全。同时,通过合理的设计和材料的选择,可以降低包装成本,提高物流效率。此外,某些缓冲材料还具有优良的保温隔热性能,有助于食用农产品在运输过程中保持温度稳定。

1.纸质缓冲材料

纸质缓冲材料有瓦楞纸板、蜂窝纸板和纸浆模塑等。

纸质缓冲材料具有显著的优点:第一,环保性能好,回收便利,无须特殊处理;第二,加工性能好,裁切、模切、粘贴均容易,生产工艺成熟;第三,储存、运输成本低,使用时折叠成型较为方便,能降低物流成本,节省空间。

但是由于纸张的特性,湿度较大的环境对纸质缓冲材料影响较大,其受潮后的复原性能差,一旦受载荷就会变形,各项性能迅速下降。

①瓦楞纸板。瓦楞纸板是用箱板纸做内层和外层,中间层用瓦楞原纸做成夹芯粘贴而成的纸板,其结构如图4-5所示。改变夹芯、中间垫纸的层数及瓦楞原纸的形状、尺寸、厚度,可得到不同种类的瓦楞纸板。利用衬垫结构的变形来吸收能量从而起到保护产品的作用。

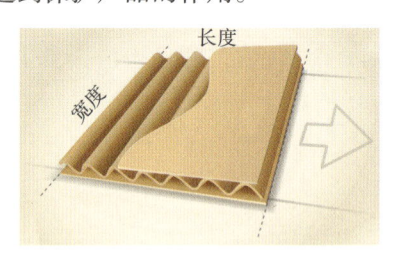

图4-5 瓦楞纸板结构

瓦楞纸可用衬垫、隔板等缓冲结构形式,如图4-6所示。衬垫可起到固定、防振和缓冲作用。隔板分为平板隔板和井式隔板,可防止产品碰撞、摩擦。衬板用来填补空隙或防止产品直接与包装箱接触,产生摩擦,衬板有平板型和套合型。

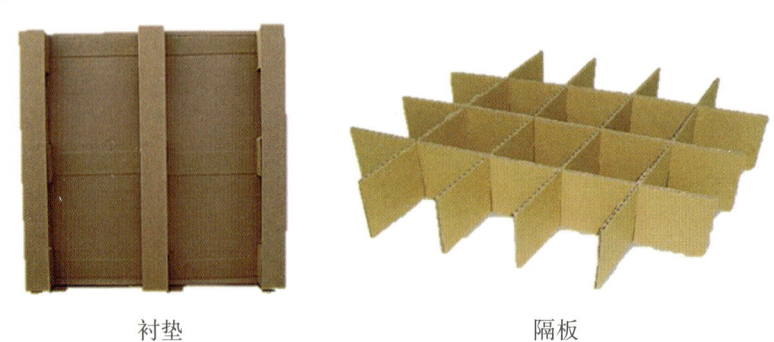

衬垫　　　　　　　　　隔板

图4-6 瓦楞纸的缓冲结构

②蜂窝纸板。蜂窝纸板是根据自然界蜂巢的结构制作的,其结构如图4-7所示。将瓦楞原纸用胶粘贴连接成无数个空心立体正六边形,形成一个整体的受力件——纸芯,并在其两面粘贴面纸,这样就形成一种新型夹层结构材料,这种材料具有防振作用。

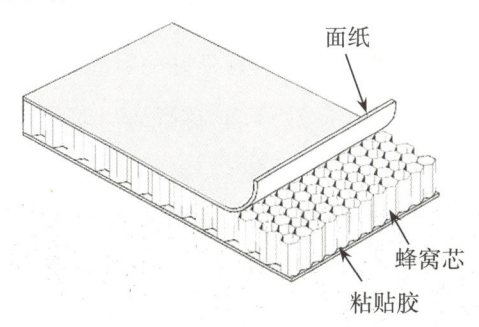

图4-7 蜂窝纸板结构

③纸浆模塑。纸浆模塑简称纸浆模,也称纸模,是一种立体造纸技术产品。它的制作过程如下:以废旧报纸、废旧纸箱纸、造纸厂或印刷厂的边角料等为原料,经水力碎浆、配料等工艺调配形成具有一定浓度的浆料。浆料在特制的具有金属网的金属模具上经真空吸附形成湿坯制品,成型好的湿坯制品再经干燥、热压定型,最后形成具有特定的几何空腔结构的纸制品。

在农产品流通中纸浆模塑制品广泛用于鸡蛋(图4-8)、水果、蔬菜等易碎、易破、怕挤压农产品周转包装。它具有四大优势:第一,原料为废纸,来源广泛;第二,制作过程对环境无害,由制浆、吸附成型、干燥定型等工序完成;第三,可再回收再利用;第四,体积小、可重叠,交通运输方便。

图4-8 纸浆蛋托

2.泡沫塑料类缓冲材料

泡沫塑料类缓冲材料主要有聚苯乙烯(EPS)泡沫塑料、聚乙烯泡沫塑料(EPE)、聚氨酯(PUF)泡沫塑料。

以EPS泡沫塑料(也称珍珠棉)为例,EPE泡沫材料具有质量轻、缓冲性能好、隔水防潮、隔音、保温等优点,还具有良好的可塑性和韧性,是一种新型的环保包装材料。其广泛应用于农产品的运输包装,尤其是需要长时间运输或长途运输的农产品,如水果(图4-9)、蔬菜等。

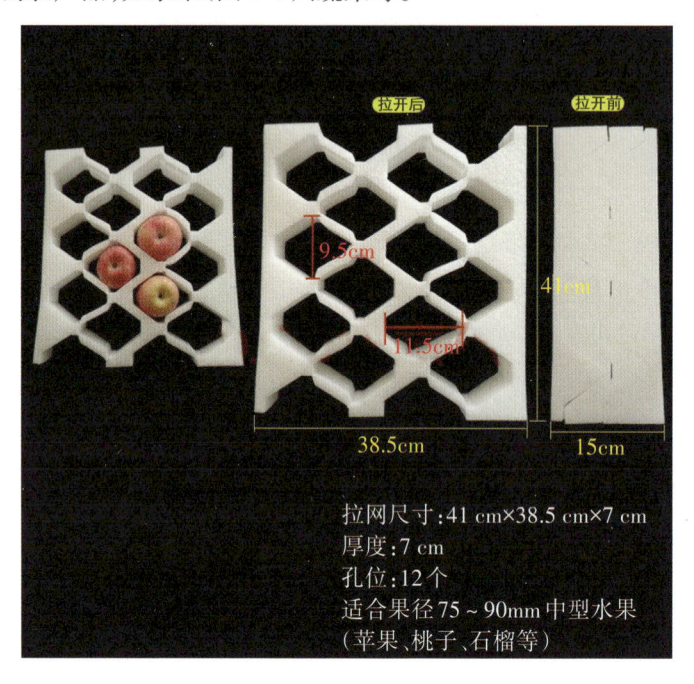

❋ 图4-9　水果拉伸网托珍珠棉EPE填充棉泡沫

3.气泡膜

气泡膜(图4-10)大部分为聚乙烯薄膜,其柔软、质轻、清洁、无腐蚀性,可防潮、防尘、防霉,可热焊封,易加工成任意形状的包装袋。另外若在挤出机的原料中加入不同的添加剂,还可制造出防静电、导电和环保等各种专用气泡薄膜。根据用户要求,气泡薄膜还能加工成各种复合材料,如铝膜复合等。

气泡膜中间层充满空气,富有弹性,具有隔音、防振等性能。根据农产品的要求,气泡的高度、直径可以改变,常用气泡直径为6 mm(小泡)、10 mm(中泡)。因此,气泡膜在农产品包装中较为常见。

图4-10 气泡膜

气泡膜也可作为一种裹包材料,适合用于小件、轻型产品的包装,也可制成气泡袋、气泡牛皮纸信封袋。不可用于包装较重的或负荷较集中的产品,以免因气泡破裂而失去缓冲作用。

4.气柱袋缓冲材料

气柱袋是一种创新的缓冲方式,全面性包覆的气柱袋起缓冲保护作用,该缓冲材料的充气方式可分为一次充气、全排充满、自动锁气等方式。封入气袋内的气体可吸收冲击能量,对产品起到较好的保护作用,同时也满足产品可视化。气柱袋对水果的防振保护作用如图4-11所示。

图4-11 气柱袋对水果的保护

第四节
防霉变包装技术

一、防霉变包装技术

防霉变包装是防止包装和内装物霉变而采取一定防护措施的包装。除防潮外,防霉变包装技术还要对包装材料进行防霉变处理。防霉变包装技术处理后的包装可根据微生物的生理特点,改变包装储存的环境条件,达到抑制霉菌生长的目的。在储存和运输过程中,如果环境潮湿或者包装不严密,食用农产品很容易滋生霉菌,因此防霉变包装技术可以帮助农产品保持新鲜度和口感,延长保质期。

二、影响农产品霉腐的主要因素

农产品霉腐一般经历受潮、发热、霉变和腐烂四个环节。农产品的霉腐与生产、包装、运输储存过程中的许多环境因素有关,如环境湿度、环境温度、空气成分、光照、振动、化学因素、辐射、压力等。

1. 环境湿度

水分是霉腐微生物生长繁殖的关键。当农产品含水量超过其安全值时,其容易霉腐,含水量越大,则越易霉腐。

2. 环境温度

霉菌微生物因种类不同,对温度的要求也不同,因此温度对微生物的生长繁殖有着重要的作用。霉菌生长温度约为10~45 ℃，属于嗜温微生物。温度的高低会影响酶的活性，因此，适当的光照可能会加速农产品的变质和霉腐过程。

3.空气成分

霉菌的生长繁殖还需要适量的氧气，在霉腐微生物的分解代谢过程中（或呼吸作用），微生物都需要利用分子状态的氧或体内氧来分解有机物。

4.光照

①光照会加速农产品中的化学反应过程，导致农产品中的营养成分被破坏，农产品的变质加速。

②光照会使农产品中的水分蒸发，导致农产品变得干燥，进而影响口感和品质。

③光照会使农产品中的微生物生长和繁殖加快，导致农产品霉腐。

5.振动

农产品在运输过程中，常常因振动或暴力运输而出现包装破损，从而发生农产品变质的情况。

三、防霉变包装技术

防霉变技术是一项综合性技术，主要从材料防霉、密封性防霉、药剂防霉、气相防霉等方面讨论。

1.材料防霉

选用耐霉腐和结构紧密的材料，如铝箔、玻璃和高密度聚乙烯塑料、聚丙烯塑料、聚酯塑料及其复合薄膜等，这些材料具有微生物不易透过的性质，有较好的防霉效能。自然界中存在着一些可食的天然抗菌材料，不仅安全无毒，而且本身的抗菌效果优异，可直接用于农产品的抗菌包装，如壳聚糖、聚-L-赖氨酸和山梨酸等。如，聚酰胺薄膜经过 UV 照射后表面可产生胺离子，而胺离子能提高微生物细胞的黏附性，薄膜便具备了抗菌作用。

2. 密封性防霉

选用有较好密封性的包装进行防霉，因为密封包装是防潮的重要措施。如采用泡罩、真空和充气等严密封闭的包装，既可阻隔外界潮气侵入包装，又可抑制霉菌的生长和繁殖。

密封包装的方法，常见的有以下4种。

①抽真空置换惰性气体密封包装。这种方法采用密封包装结构，在包装内抽真空，置换惰性气体。以惰性气体为主的微环境中，农产品不会受霉菌的感染，霉菌也不会萌发生长。此方法可作长期封存的包装措施。

②干燥空气封存包装。选择气密性好及透湿度低的各类容器或复合材料进行密封包装。在密封包装内放干燥剂及湿度指示纸，控制包装内的相对湿度小于或等于60%。

③除氧封存。选择气密性好、透湿度低、透氧率低的复合材料进行密封包装。在密封包装内放置适量的除氧剂和氧指示剂。除氧剂可使包装内的氧气浓度低于0.1%，防止长霉。

④挥发性防霉剂防霉。根据农产品的具体情况，在密封包装内放置具有抑菌的挥发性防霉剂进行防霉。

3. 药剂防霉

（1）天然防霉剂

植物提取物：如大蒜、生姜、茶叶等植物提取物，这些植物富含抗菌防霉的活性成分。在包装过程中，这些植物提取物以喷洒、浸泡等方式添加到农产品的包装材料中，或者在农产品包装表面形成一层保护膜，以抑制霉菌的生长和繁殖。例如，将茶叶提取物喷涂在果蔬包装箱的内壁，可以显著降低果蔬在运输过程中的霉变率。

微生物代谢产物：某些微生物在生长过程中会产生具有抗菌防霉活性的代谢产物，如乳酸链球菌素、纳他霉素等。这些代谢产物可以添加到农产品的包装材料中，或者制成防霉剂直接涂抹在农产品表面。在水果保鲜中的应用研究表明，乳酸链球菌素能够显著延长水果的保质期，并降低霉变率。

(2)合成防霉剂

酚类化合物：如苯酚、甲酚等，是常见的合成防霉剂。在包装运输过程中，可以通过喷洒、熏蒸等方式将酚类化合物添加到农产品的包装环境中，以抑制霉菌的生长。然而，酚类化合物对人体具有一定的毒性，因此在使用时应严格控制浓度。

咪唑类化合物：如咪康唑、酮康唑等，具有广谱抗菌性，对多种霉菌具有良好的抑制作用。在农产品包装过程中，可以将咪唑类化合物添加到包装材料中，或者制成防霉剂涂抹在农产品表面。研究表明，咪康唑能够显著降低柑橘类水果霉变率，并延长它们的货架期。

(3)有机酸类化合物

丙酸盐、山梨酸等能够降低农产品的pH值，从而抑制霉菌的生长繁殖。这些有机酸类化合物可以添加到农产品的包装材料中，或者通过浸泡、喷洒等方式直接沉降在农产品表面。如，在草莓的包装运输过程中，使用山梨酸可以有效降低草莓的霉变率。

除了天然防霉剂、合成防霉剂外和有机酸类化合物，还有一些其他类型的防霉剂在包装运输过程中得到了应用。例如，纳米防霉剂利用纳米材料能对霉菌产生强烈抑制作用的独特性质，用于防霉包装。紫外线防霉剂则通过紫外线照射破坏霉菌的细胞结构来达到防霉的目的。这些新型防霉剂具有高效、环保等优点，在食用农产品的包装运输过程中具有广阔的应用前景。

4.气相防霉

气相防霉处理主要通过在密封包装中使用具有升华作用的气相防霉剂来实现。这些防霉剂能够在常温下释放出挥发气体，与霉菌接触后杀死或抑制其生长。主要采用多聚甲醛、充氮包装、充二氧化碳包装，具有良好的效果。

第五章
农产品包装设计实作

- 农产品包装信息设计
- 农产品包装中的色彩设计
- 包装版式设计与工具

第一节
农产品包装信息设计

第二章中我们介绍了设计前需要对产品进行调研和定位,然后再根据产品的相关信息进行设计和排版。因此,本章内容主要以第二章为理论支撑和设计依据。

一、包装中的文字设计

文字设计是包装设计中非常重要的一个部分,包装可以没有图,但不能没有文字,否则就会失去最基本的信息传达功能。

1. 包装中文字的分类

(1) 主体文字

主体文字主要是商品的品牌名称或商品名称等,是包装画面的主要部分,也是最应该突出的部分。衡量一个包装主体文字是否突出,即第一眼就能看到主体文字而不用去寻找,且主体文字一般在包装的销售面展示。如图5-1,亨氏产品包装中的经典弧线与品牌英文名称相呼应,设计了白底黑字且黑字字号在画面中也是最大的,处于画面中心靠上,约1/3处,位于黄金分割处符合人从上至下的阅读习惯。

图 5-1　亨氏番茄酱包装

主体文字应根据产品特性进行设计,一是为了避免字体侵权,二是为了更好地显示产品的特点。如图 5-2 所示,包装中主体文字的设计与整体包装设计的风格一致。"酉益锶"融入了酉阳西兰卡普的民族文化特色。

图 5-2　酉阳 800 酉益锶天然矿泉水包装

(2)说明文字

说明性文字主要包括:①包装销售面:产品规格、净含量;②包装次要面(侧面或背面):成分、生产厂家、地址、电话、食用方法、贮藏方式、保质期、生产编号等产品身份信息。

说明性文字一般内容较多,适合用黑体、宋体等简单明了的印刷字体。另外,为了避免文字的侵权,可以使用免费字体或购买字体。

(3)广告文字

广告文字主要指包装上的宣传语、文案等内容。包装上的宣传语和文案建立了与消费者的情感连接,也增加了情感传递,能更好地促进销售,在现代包装设计上广泛应用。如图5-3所示江小白包装中的广告文字。

※ 图5-3　江小白包装

2. 包装中文字的设计原则

(1)易读性

易读、易识别是文字设计的基本要求,确保消费者能够快速、准确地获取包装上的信息。为了提高易读性,主体文字、说明文字和广告语都应清晰、易读。说明文字需注意字号、字距和行距,以确保文字的排列有序。

另外,食品包装的文字内容、大小格式还应遵守国家的标准,详见第二章。

(2)统一性

统一性是指文字设计应与包装的整体风格保持一致,以增强整体视觉效果。在字体、色彩等方面,应保持统一的设计语言,以提升品牌形象和识别性。此外,还需注意包装上的文字与其他元素之间的协调统一,如商标、图案等。

(3)独特性

独特性是使包装从货架中脱颖而出的关键。文字设计应具有创新性和个性化,打破传统的设计规则和框架。独特的字体、创意的排版或与其他元素的有机结合创造出独特的视觉效果。但同时，应注意保证设计的实用性和功能性，避免过于追求独特而忽略信息的传达。

(4) 文化性

考虑到不同地域和文化的差异，文字设计应具备文化敏感性。在设计中应尊重和体现各种文化传统和价值观，避免因地域和文化差异而引起误解或争议。通过了解目标市场的文化背景和审美习惯，采用符合其视觉习惯的字体、色彩和排版方式，以增强商品在当地的亲和力。

(5) 审美性

审美性是指文字设计应具备美学价值和艺术性，能够吸引和感染消费者。通过运用线条、形状、色彩等方面的设计元素，创造出具有美感的文字。同时，文字设计应注意整体性与和谐性，要与包装的其他设计元素相互呼应、协调一致，以提升整体视觉效果。

(6) 适应性

适应性是指文字设计在不同媒介和平台上的适应性和表现力。随着数字化时代的到来，包装设计需适应多元化的传播渠道，如印刷品、互联网及移动应用等。根据不同媒介和平台的特性调整设计元素和表现方式，以确保信息在不同传播渠道中能够有效地传达。此外，还需关注不同平台上的用户交互体验，使文字与用户需求、行为习惯相符合。

(7) 简洁性

简洁性是文字设计的核心原则之一。在追求独特性和审美性的同时，不能牺牲信息的简洁明了。设计时应尽量精简文字内容，突出关键词汇，避免冗长和复杂的句子结构。通过简洁的文字传达核心信息，有助于消费者快速获取商品信息，提高信息传达效率。

3. 包装中主体文字设计方法

(1) 手写字体设计方法

手写字体就是用笔（铅笔、毛笔、马克笔等）在绘图纸上勾勒品牌的名称，然后进行扫描，用电脑软件处理细节，再用于产品包装，例如中华味道香水包装,如图5-4所示。

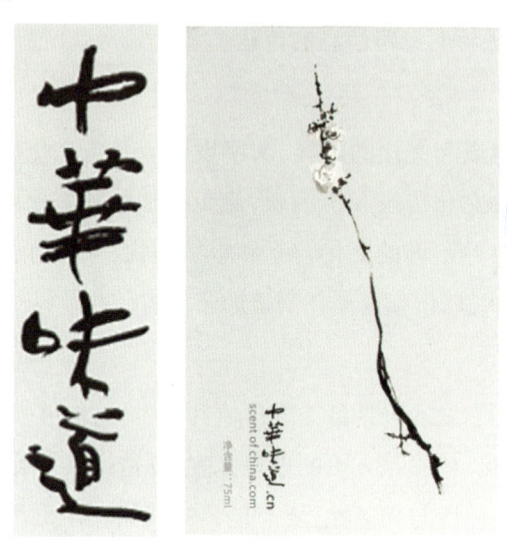

图5-4 中华味道香水包装
(作者:北京师范大学 梁玖教授)

(2)字库字体设计方法

将字库中的字体进行方向上的拉伸,或对字体笔画粗细进行调整,应注意变化的统一性。将文字的意与形相结合,在字的结构中、笔画中融入产品的图形元素。如图5-5所示图文结合与图5-6所示的文字作品。

(学生:李锦周 林展博)
图5-5 图文结合作品

（学生：李析逊　刘思童）

（学生：邓懿　张悦　邱诗斯）

图5-6　文字作品

（指导教师：黎盛）

二、包装中的商标设计

1.商标的定义

商标(Trad Mark)，是指生产者、经营者为使自己的商品或服务与他人的商品或服务相区别，而使用在商品及其包装或服务标上的汉字、平面图形、字母、数字、三维标志和色彩以及上述要素的组合所构成的一种可视性标志。

包装上有的商标右上角印有字母，如"®"、"™"、"©"。

®：R是registered的缩写，指该商标已经在国家商标局审查通过，成为注册商标，受到法律保护。

TM：TM是trademark的缩写，指商标申请已经递交国家商标局，并收到《受理通知书》，有优先使用该商标的权利，目前处在商标审查阶段的商标。一般商标申请和受理的时间较长，在1年左右。

ⓒ是copyright的缩写,指著作权标记,也称版权标记,代表作品受著作权保护。

2.商标的设计

商标代表着一个企业的文化、价值内涵,是企业的象征符号,主要分为文字商标、图形商标、两者的组合商标及颜色商标。

(1)文字商标

文字商标是以文字为主要设计元素的标志,包括字母、数字、汉字等元素,以北京煮叶餐饮管理有限公司商标为例,该商标以文字为主,言简意赅,如图5-7所示。

图5-7 北京煮叶餐饮管理有限公司商标

(2)图形商标

图形商标是以图形为主要设计元素的标志,包括抽象图形、具象图形等。如图5-8所示,霸王茶姬的商标为具体的人物图形。

图5-8 霸王茶姬商标

(3)组合商标

组合商标是将文字和图形结合在一起的一种标志,这种标志能够综合文字和图形的优点,使商标更加丰富和多元。如图5-9所示天猫的商标,既简明又形象,同时包含了文字和图形。

图5-9　天猫商标

(4)颜色商标

颜色商标是以颜色为主要设计元素的标志,通过特定的颜色或组合来表现品牌的特点和形象。独特的颜色可以引起人们的注意和记忆。如图5-10所示,蒂芙尼的蓝色,就是该品牌的代表和象征,此种蓝色特命名为"蒂芙尼蓝"。

图5-10　蒂芙尼礼盒包装

三、包装中的图形设计

图形是商标重要的组成部分之一，它比文字更直接、更能传递情感价值。一般在包装设计中图形占的面积相对较大。产品的文化内涵、属性和特征，大部分都来自图形。

1.图形创意的主要方式

图形创意的方式主要分为下几个方面：用摄影技术或包装开窗的方式展示产品、表现产品的原材料、表现产品原产地、表现产品的效果、表现产品的艺术化、表现产品品牌故事和价值、表现产品IP形象。（如图5-11）

① 用摄影技术展示产品　包装开窗展示产品

② 表现产品的原材料

③ 表现产品的原产地

第五章 | 农产品包装设计实作

099

④ 表现产品的效果

⑤ 表现产品的艺术化

⑥ 表现产品品牌故事和价值

⑦ 表现产品IP形象

图5-11　图形创意的主要方式

商品包装的图形表现主题内容1~2个即可，若内容过多将会使主题表现没有重点，让消费者不知所云。

2.包装上的图形表现手法

①摄影。通过摄影，结合电脑后期处理的手段对产品进行艺术化处理，呈现出逼真的效果。摄影图片能让消费者一目了然，直观了解商品的内容，具有较高的艺术性和审美性。该表现手法通常以背景形式或在主体产品位置展现，在食品包装设计中运用广泛，摄影表现手法示例如图5-12。

图5-12　摄影表现手法

②插画。插画是一种运用绘画的手段进行视觉表现的艺术形式。插画的风格和表现手法众多,每一种风格也代表着独特的个性。插画的表现形式有手绘插画、数字插画等,表现手法有具象、抽象等。应选择适合商品调性的表现手法和方式进行呈现,如图5-13的示例为插画的一种。

图5-13 插画表现手法——小米花生礼盒包装设计
(学生:易雪飞;指导老师:张雄)

第二节
农产品包装中的色彩设计

"远看色,近看花",人们看一个事物往往先看到的是它的颜色,陈列在货架上的产品包装更是如此。在琳琅满目的货架上,同类商品的各种品牌同时陈列,如何脱颖而出,在短时间内吸引消费者,色彩设计在包装设计中具有重要的作用。

一、色彩

1. 色彩产生的条件

色彩是由照射在物体上的光反射并进入人的眼球内,通过视网膜等的转化后传输至大脑让人产生的色彩感觉。因此,人能看到五颜六色的物体,是基于两个基本的条件:光的照射和正常的视觉。

(1) 光的照射

准确地说没有光就没有色。但不是所有的光都能被人的视觉感知到。我们所看到的光属于电磁波中的可见光部分。它的波长在400~700 nm。小于400 nm或大于700 nm的光,如X射线、伽马射线、紫外线、红外线、无线电波等都不能被人的视觉感知到。

生活中我们见到的大多数颜色产生方式一般分为两种:一种自身发光的物体,如手机屏幕、电视机、电脑显示器等,另一种是自身不发光但能反射光的物体,如苹果、纸张、海报等自然界的物体。因此,产生颜色的这些光有自发光和反射光的区别。光照射在物体上,物体能够吸收与自身固有色不同的光,反射与自身颜色相同的光。因此,人能通过反射的光看到物体的颜色。如光照射在红色的苹果上,苹果能吸收除了红色光以外的其他色光,而反射出红光,因而人们能看到苹果是红色的。

(2)正常的视觉

色彩的感知是光线作用在人眼睛视网膜中锥状细胞的结果。这些锥状细胞含有对不同颜色敏感的色素,包括红色、绿色和蓝色。当光线进入眼睛并照射在视网膜上时,锥状细胞会吸收和反射不同颜色的光。大脑接收到这些光信号后,解析为不同的颜色,从而让人看到五彩斑斓的世界。

如果一个人缺少一种或多种锥状细胞,那么他将无法正常感知某些颜色,就可能患有视觉障碍,无法准确感知某些物体的色彩。

2.色彩三要素

自然界的色彩可分为两大类:无彩色系和有彩色系。无彩色系是指白色、黑色和不同深浅的灰色,有彩色系指红、橙、黄、绿、青、蓝、紫等颜色。人们为了研究颜色的规律性,提出色彩的三要素为色相、明度和纯度。

(1)色相

色相即色彩的相貌,也称色调、色别或色名。如红、橙、黄、绿、青、蓝、紫等被称为不同的色相。色相是构成颜色的基础。

(2)明度

明度即色彩的明暗程度,也称光度或亮度。越亮的颜色,明度越高,越暗的颜色,明度越低。同一色相但深浅不同时,该色相就有明度的区别,如深红色和粉红色就是明度不同的同一色相,深红色明度低,粉红色明度高。

(3)纯度

纯度即色彩的鲜艳度,也称饱和度或彩度。如果在一种纯色中加入水、白色或黑色,那么这种颜色的饱和度将会降低。饱和度越高,颜色就越鲜艳,越接近纯色。

3.色彩的三原色

颜色来源于物体自发光和物体反射光,因此,三原色分为色光三原色和色料三原色。所有的颜色都是这三个颜色按照不同比例混合而来的。

(1)色光三原色

如图5-14所示,色光三原色即红色、绿色和蓝色。由于色光三原色混合后的亮度比混合前每一色光的亮度高,因此,把色光三原色的混合规律称为色光加色法。红色+绿色=黄色,绿色+蓝色=青色,绿色+红色+蓝色=白色。

图5-14　色光三原色(RGB)

(2)色料三原色

如图5-15所示,色料三原色即青色、品红、黄色。由于色料三原色混合后的亮度比混合前每一色光的亮度低,因此,把色料三原色的混合规律称为色料减色法。青色+品红=蓝色,品红+黄色=红色,青色+黄色=绿色。

图5-15　色料三原色(CMY)

二、包装设计中色彩选择的依据

1. 产品自身的颜色

对于食品来说,产品自身的颜色具有一定代表性,能让消费者产生与产品相关的联想。如橘子包装的颜色以橙色为主,如图5-16,不用过多文字描述,消费者就能通过包装的颜色了解产品的特征和内容。该设计获得2015年Pentawards铂金奖。

图5-16　橘子包装设计

2. 产品自身的味道

色彩具有味觉属性,在包装设计中,利用色彩的味觉属性可以提高消费者对产品味道的预期,从而影响他们的购买决策。以下是常见颜色的味觉联想。

（1）红色

其常常与辣、热等相关联。正红色给人以纯正、浓郁的感觉,如图5-17所示雀巢咖啡的包装及杯子,研究者请30位受试者每人各喝4杯浓度相同的咖啡,但咖啡杯的颜色分别是咖啡色、青色、黄色和红色。结果显示,有2/3认为咖啡色杯子的咖啡"太浓",所有的人认为青色杯子的咖啡"太淡了",大部分人都觉得黄色杯子的咖啡"浓度正好",而有九成的人认为红色杯子的咖啡"特别浓"。

图5-17 雀巢咖啡

(2) 橙色

其一般会让人想到甜味,如橙汁的味道,让人觉得温暖的。

(3) 黄色

其可能会让人产生酸的味觉联想,比如柠檬、香蕉、芒果等的味道,黄色食品包装如图5-18所示。

图5-18 香蕉牛乳包装

(4)绿色

其常常与新鲜、自然的感觉联系在一起,让人觉得清爽、富有生机,常与绿色蔬菜、青苹果、绿茶等同时出现(图5-19)。

❖ 图5-19 绿茶包装

(5)蓝色

其有时会让人想到薄荷、清凉的味道,也易让人想到海洋,常用于雪碧、薄荷糖等的包装设计(图5-20)。

❖ 图5-20 薄荷味硬糖包装

(6)紫色

其让人想到葡萄、蓝莓、百香果等水果的味道,给人一种酸、甜的感觉,如图5-21所示,话梅颜色较深且接近紫色,其果干使用紫色外包装。

图5-21 话梅果干包装

(7)棕色

其常让人想到巧克力、咖啡等具有浓郁、苦涩味道的产品。

有的品牌包含许多系列产品,每个系列产品的主要原材料是同种农产品,但是搭配了不同的口味。如豆腐干,有麻辣口味、原味、烤肉味、孜然味等,可通过不同的颜色和图形的包装加以区分,易于消费者识别和记忆。

3.产品传递的情感

颜色会给人带来特定的情感联想。以下举出常见颜色带给人的情感联想,利用现有产品举例说明,可为现有食用农产品包装设计提供参考。

红色:激情、热情、活力、爱、愤怒、危险。

橙色:快乐、温暖、友好、活力。

黄色:快乐、希望、光明、活力。

绿色:新鲜、自然、平静、安宁、成长。

蓝色:信任、可靠、冷静、沉稳、悲伤。

紫色:神秘、浪漫、高贵、创造力。

黑色:神秘、严肃、优雅、悲伤、恐惧。

白色:纯洁、干净、清新、和平、寒冷。

如英国吉百利巧克力，包装用紫色表达出了浪漫、神秘和高贵。同时也与其他同类的巧克力产品产生区别，带给消费者独有的色彩记忆，如图5-22所示。

◦ 图5-22　吉百利巧克力包装

4.产品的地域文化

不同的国家和地区有自己特定代表的颜色。比如西藏的特色产品包装，一般会从藏族服饰或经幡的颜色中提炼，以表现产品的地域特色。

5.产品品牌的形象

色彩的选择需与品牌的定位和形象相符合，传达品牌的个性和价值观。如图5-23所示，可口可乐产品的包装以品牌商标为主体，以红色为主要颜色，传递出了热情与活力。

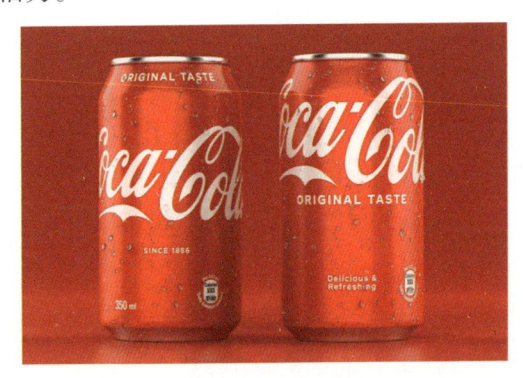

◦ 图5-23　可口可乐罐装饮料包装

6.产品目标受众的喜好和禁忌

考虑目标消费者的喜好和文化背景,不同年龄段、性别、地区的消费者对颜色的偏好和禁忌有很大的不同。以下举例说明部分国家常用颜色及喜好。

法国:喜爱红、黄、蓝等色,视鲜艳色彩为时髦、华丽、高贵。

英国:认为绿色和紫色不吉祥,忌用白色、大象和山羊图案。

瑞典:不把代表国家的蓝色和黄色进行商用。

瑞士:喜爱使用红、黄、蓝、橙、绿、紫、红白相间色组,忌用黑色。在瑞士,猫头鹰是死亡的象征,忌用于商标。

荷兰:认为蓝色和橙色象征着国家,这两种颜色在节日里被广泛使用。

芬兰:芬兰国旗图案由白色、蓝色十字构成,其认为白色象征着白雪,蓝色象征着湖泊、河流和海洋。

奥地利:喜爱绿色,包括许多服饰品他们也都使用绿色。

意大利:喜欢绿色和灰色,国旗图案由绿、白、红三个垂直相等的长方形构成。意大利人忌紫色,也忌仕女像、十字花图案。

挪威:十分喜爱鲜明的颜色,特别是红、蓝、绿。

7.产品的竞争对手

分析竞争对手的产品包装颜色可以帮助你了解市场上的"标准"颜色。例如,如果你发现竞争对手都在使用蓝色,你可能会选择使用红色或其他独特的颜色来突出自己的产品。如可口可乐包装采用红色作为主体色,百事可乐就选用了蓝色为自己的主体色,加以区分。

三、包装色彩设计的原则

色彩学专家大智浩,在包装色彩设计研究的基础上,在《色彩设计基础》一书中提出如下八点要求。

①包装色彩能否让产品在竞争市场中有清楚的识别性;

②包装色彩是否很好地象征着商品内容;

③包装中的色彩是否与其他设计因素和谐统一，有效地表示商品的品质与分量；

④包装色彩是否为商品购买阶层所接受；

⑤包装色彩是否有较高的明视度，并能对文字起到很好的衬托作用；

⑥单个包装的效果与多个包装的叠放效果如何；

⑦色彩在不同市场，不同陈列环境是否都充满活力；

⑧商品的色彩是否不受色彩管理与印刷的限制，效果如一。

这八点要求可以作为我们设计包装时选择颜色的遵循原则。另外颜色的数量不是越多越好，一个优秀的包装设计一般采用2~3种颜色搭配。为了突出文字信息体现画面的层次感，一般会有一个主用颜色，也就是面积相对较大，另一个颜色为副色，该颜色面积比主用颜色小，第三个颜色为点缀色，起到点缀、丰富的作用。

第三节

包装版式设计与工具

一、包装版式设计的原则

包装版式设计是包装设计中非常重要的一环,它涉及如何合理地排列和组织包装上的各种文字、图形、色彩等信息元素,包括产品名称、品牌标志、成分说明、使用说明等。一个优秀的包装版式设计可以使包装主题突出、层次丰富、视觉舒适且符合产品调性。

以下是包装版式设计的基本原则和技巧。

①层次感。将包装上的元素按照重要性和逻辑顺序进行排列,形成一个清晰的层次结构。首先是主要的元素(如产品名称、品牌标志等)可突出显示,其次是次要的元素(如成分说明和使用说明)可相应地缩小并放在不显眼的位置。

②对齐和平衡。确保包装上的元素在水平和垂直上都对齐,这样可以增加包装的整洁感和美感。同时,要注意画面平衡,避免元素在包装上偏向一侧或过于密集。

③空白空间。适当的空白空间可以使包装看起来更加简洁、优雅。过多或过少的空白空间都会使包装看起来拥挤或空洞。

④字体和颜色一致。确保包装上使用的字体、颜色与品牌形象、产品属性相符。同时,在同一个包装上应使用相同或相似的字体和颜色,保持一致性。

⑤创意和个性。在遵循上述原则的基础上,可以尝试一些创意和个性化的版式设计,使产品在货架上能脱颖而出。如将品牌名称放大,起到突出的作用。

二、包装版式设计的方法

①焦点法。将产品或能体现产品属性的图形作为主体,放在整个视觉的中心,产生强烈的视觉冲击。

②色块分割法。用大色块将画面分成好几部分,一部分色块作为主视觉,其余部分可填充产品信息或添加设计元素,起到装饰作用,以延伸、拓展产品内容。

③包围法。将包装上的主要文字信息放在中间,用众多的元素将其包围起来,重点突出文字信息,整体画面活泼、丰富。

④局部法。单个包装画面只展示主体图形的一部分,但组合起来又是一个新的图形,既充满想象空间,又可以突出精彩点。

⑤纯文字法。包装上没有图片,只有文字的排列和组合,文字的大小、字体、方向的变化,结合品牌LOGO、产品名称等进行排版。此法让文字不仅起着说明的作用,还具有展示功能。

⑥平铺法。多采用几何线条元素,把线条元素排列、组合成画面的底纹,让画面非常饱满、充实。

三、包装设计主要应用的工具

1.Adobe Illustrate

Adobe Illustrate,简称AI,是Adobe公司推出的一款矢量图形制作和编辑软件。它是数字图形制作和设计的核心工具之一,广泛应用于包装设计、广告设计、出版等领域,主要具有以下作用。

①绘制包装结构图。设计师可以利用Illustrator软件精确地绘制包装结构图,包括纸盒、瓶身、袋子等的结构图。这些结构图用于指导生产,确保包装的尺寸和形状符合设计要求。

②制作矢量图形。Illustrator软件以制作矢量图形著称。设计师可以使用其丰富的绘图工具创建各种形状和图案,这些矢量图形可以在任何大小下都

具有高清晰度,非常适用于包装设计。

③排版和文字处理。在包装设计中,文字的排版和样式非常重要。使用Illustrator软件,设计师可以轻松地创建和调整文字样式,包括文字的字体、大小、颜色等。此外,还可以使用各种特效,如渐变、投影、变形等。

④图像处理。虽然Photoshop软件在图像处理方面更为专业,但Illustrator也提供了基本的图像处理工具,如裁剪、调整颜色、滤镜等。设计师可以使用这些工具对图像进行适当的处理,以满足包装设计的需求。

⑤制作3D(三维)效果。Illustrator虽然不如专业的3D设计软件强大,但也支持创建简单的3D效果图。设计师可以使用3D工具创建包装的立体效果图,以便更好地展示设计理念和效果。

⑥自动化处理。在面对大量重复性任务时,设计师可以使用Illustrator的脚本工具进行自动化处理,提高工作效率。

2.CorelDRAW

CorelDRAW是一款由加拿大公司开发的平面设计软件,是一款基于矢量的绘图软件,可以创建各种形状的图形,而不会失真。其图形像素与图像不同,矢量图形可以无限缩放,非常适用于印刷品、徽标和插图等的制作。

3.Adobe Photoshop

Adobe Photoshop,简称PS,是Adobe公司开发的图形图像处理和编辑软件。其具有抠图、修图、融合、色彩调整、加特效等功能,广泛运用于平面设计、包装效果图、广告摄影、网页设计、插画设计、影视后期、环境设计、数码照片处理。

在包装设计中,PS的应用主要体现在以下几个方面。

(1)图像处理

包装设计通常需要处理各种图片,包括实物图、手绘图、插画等素材,PS提供了各种强大的工具,能够对这些素材进行精确的调整和处理,如调整亮度、对比度、色彩平衡,以及进行抠图、修复等操作。

(2)图形设计

PS不仅可以处理图片,还可以设计各种图形。利用其丰富的绘图工具和各种形状工具,设计师可以创建出精美的图案、图形,并用于包装设计中。

(3)文字排版

包装设计中文字的排版非常重要,PS中的各种文字工具可设置多种文字特效,设计师可以根据需要设计出各种不同风格的文字,如手写字、立体字等。

(4)合成设计

PS可以将多个元素进行混合,让图具有更加丰富的视觉效果。在包装设计中,设计师可以利用这一功能将多个元素进行组合和拼接,构建出完整的包装设计方案。

(5)3D设计

随着技术的发展,越来越多的包装设计开始采用3D效果图。PS提供了各种具有多种功能的3D工具,设计师可以在该软件中创建和调整3D对象,并将其应用到包装设计中。

4.AIGC绘画

AIGC(Artificial Intelligence Generated Content)绘画利用人工智能技术生成的绘画作品。这种绘画通常是通过利用机器学习和深度学习算法,从大量数据中提取出某种风格和特征,然后自动生成独特的艺术作品。

目前AIGC的图像生成工具主要有Midjourney和Stable Diffusion,它们可以通过用户输入的文字描述后在较短时间生成图像,一般几分钟就可以生成4~8幅,极大地提高了创作的效率。每次创作的图像都会因提示词不同而有所不同。用户自己用AI生成的图像一般不会有版权的问题,可以商用。

利用AI工具生成包装上的图形,如图5-24,"可口可乐"将极具未来感引入AI图像生成器,为主视觉设计提供了灵感。食用农产品包装紧跟时代技术的发展,已有部分农产品包装是利用AI生成的,其创意包装效果如图5-25,图5-26所示,可作为参考。

❀ 图5-24 可口可乐未来3000年包装

❀ 图5-25 油鸡枞菌酱包装设计
（西南大学包装工程系2021级学生作品；指导教师：黎盛）

图 5-26　AIGC 绘图
（作者：黎盛）

　　AIGC 技术给我们的生活和工作带来了便利，极大地提高了工作效率，开拓了创意思维。但其在包装领域的应用属于起步阶段，还有极大探索空间，食用农产品对包装的需求各异，且各类农产品特色、种类及销售模式多样。应充分利用当前先进技术，发展更实用、更适用的农产品包装。

第六章
农产品的包装设计实例

- 酉阳800酉益锶天然矿泉水包装设计
- "天生云阳"农产品公用品牌策划与设计
- 小米花生包装设计
- "润滋源"品牌及金玉李包装设计

本章节展示的包装实例均为作者及相关团队的项目成果，其中酉阳800酉益锶天然矿泉水包装设计与重庆近水含烟旅游规划设计有限公司合作，"天生云阳"农产品公用品牌策划与设计与颐合企业形象设计事务所合作。

第一节
酉阳800酉益锶天然矿泉水包装设计

一、包装设计任务确定

2023年12月重庆近水含烟旅游规划设计有限公司受酉阳政府的委托，进行酉阳800酉益锶天然矿泉水的包装设计。通过双方沟通，矿泉水的包装分为会务专用款和零售款两种。

二、包装设计分析

从地域资源和产品特性进行调研和分析。

（1）包装从形象和文字上体现产品的地域特征

重庆市酉阳土家族苗族自治县，位于武陵山腹地，森林覆盖率达64.1%，年平均气温15.2摄氏度，负氧离子年均浓度每立方米超万个，空气质量优良天数连续多年超360天，是"中国气候旅游县"，被评为"中国天然氧吧"。酉阳桃花源景区再现了《桃花源记》（东晋·陶渊明）的田园风光。县委、县政府为深入践行新发展理念，推动山区强县富民，以"酉阳平均海拔800米"命名，创立"酉阳800"区域公共品牌（图6-1）。

第六章 | 农产品的包装设计实例

图 6-1 "酉阳800"区域公共品牌标志

在酉阳地下水径流区,水文地质工程地质队检测结果表明水源点锶含量已达到了矿泉水命名标准,该地能通过钻探获取偏硅酸·锶型矿泉水。

基于对重庆地区天然饮用水市场的调查结果,并结合全国天然饮用水市场发展趋势以及竞品分析,决定开发"酉益锶"天然矿泉水,作为"酉阳800"区域公共品牌(图6-2)的重要品类。

图 6-2 "酉阳800"区域公用品牌及广告语

在酉阳800酉益锶商标名称中,用"酉"(酉阳)、"益"(有益)、"锶"(锶元素)构成"有意思"谐音,既指代了源自酉阳的矿泉水,又表达了"富锶"的产品特性,同时诙谐地表达了这是一瓶"有意思"的矿泉水,便于识别、传播、记忆。

"酉益锶"的字体设计,选择土家族织锦"西兰卡普"(国家级非物质文化遗产)中酉阳地区的基本图案(图6-3)为视觉元素,允分体现了产品的地域特性。

西兰卡普酉阳地区基本图案

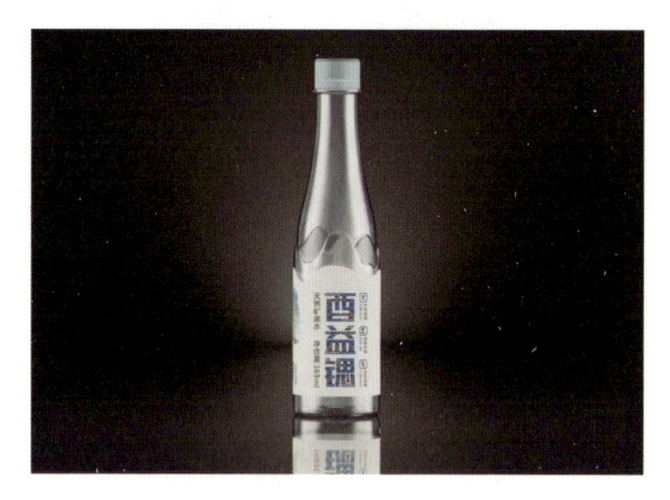

酉益锶天然矿泉水包装设计正面效果图

酉益锶天然矿泉水包装设计背面效果图

图6-3　西兰卡普酉阳地区基本图案及用于矿泉水包装设计的效果图

（2）瓶型设计创意

①舒适度尺度。瓶型直径约为56 mm，高约230 mm（设计如图6-4），又高又瘦，手感舒适且便携插袋（立体图与设计图尺寸略有差异）。

②高模仿玻璃质感。高透明高厚度PET材质，耐磨高透；瓶坯净重26 g，具有较强的硬度。

③连绵的群山造型。其象征武陵山腹地，山清水秀，远离污染；磨砂面与光洁面不仅形成了质感对比，还能营造层峦叠嶂的层次感。

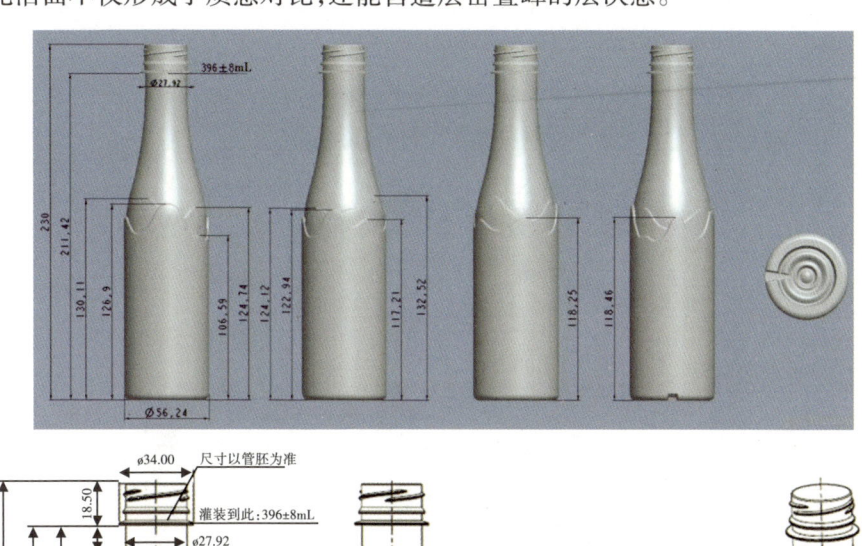

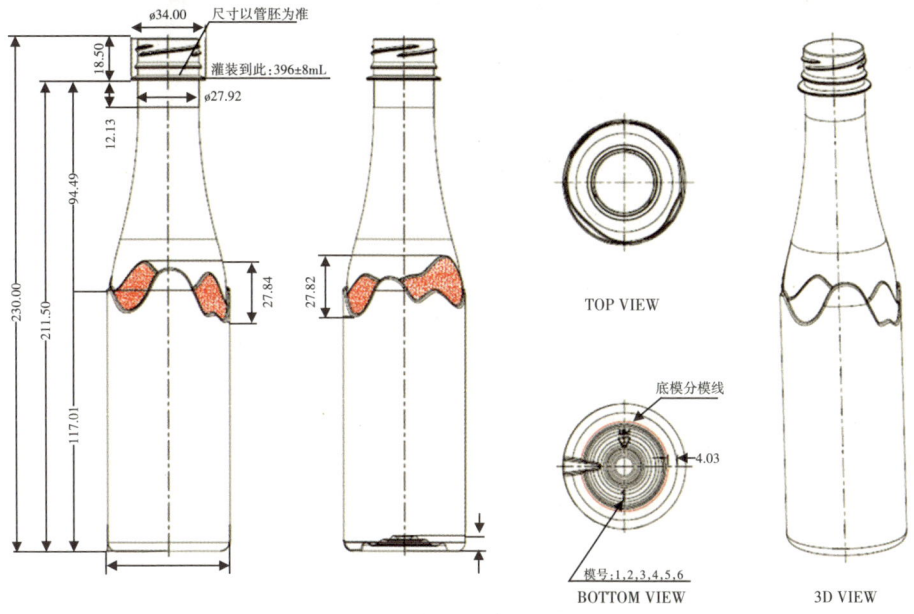

图6-4 瓶型设计图

④底部涟漪造型。其象征青山绿水间蕴藏着的珍贵矿泉水,近看有细节,耐人寻味。

⑤半透明磨砂瓶盖。浅蓝色瓶盖,呼应包装主色调;半透明磨砂材质,增加质感。

(3)标签设计创意

①双面标签(图6-5)。双面标签粘贴成型后,正面有"透窗",形成了具有远近层次的空间感,象征透过在武陵群山环抱中桃树看见五亿年前寒武系白云岩层。

图6-5 双面标签设计(灰色表示透明)

②岩层科普内容。背贴图案体现了矿泉水在岩层中的形成过程,当装满水后,瓶型具有"凸透镜"功能,可将背贴图案放大,具有科普性、阅读性、趣味性。

③矿物元素图标。这些图标提炼出了"富锶""低钠""弱碱"等的产品特征,并表述特征性指标数值,直接传达了产品价值,便于消费者认识、对比。

(4)纸箱设计创意

①立面群山图形。纸箱立面的主要图案,与瓶型上"连绵的群山"造型类

似，并做了延伸设计，增加了山形层次和细节。这样的图案既保持了与瓶型设计元素的统一性，又适用于纸箱这种大尺寸平面展示版面。

②顶面涟漪纹样。纸箱顶面的主要图案与瓶底的"水纹涟漪"造型类似，也进行了延伸设计，设计目的与立面图形一致。

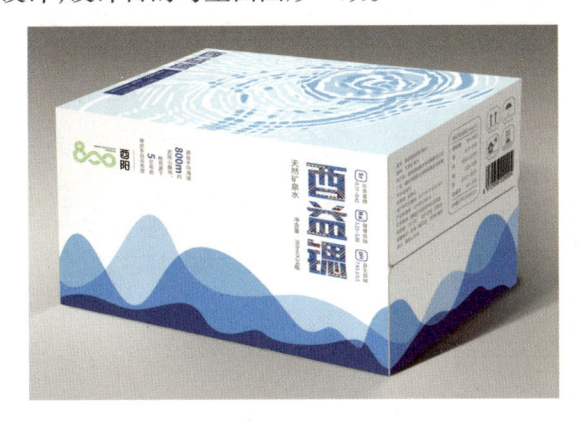

图6-6　纸箱设计效果图

第二节
"天生云阳"农产品公用品牌策划与设计

重庆市云阳县地处三峡库区腹心,山清水秀、城美文盛,有"万里长江·天生云阳"之美誉。"天生云阳"是重庆市云阳县委、县政府倾力打造的地方农产品区域公用品牌,2017年成为注册商标。这标志着重庆市首个全产业、全门类、全品种的农产品区域公用品牌正式面世。该商标主要涉及鲜果、粮油农副、调味品、休闲食品及中药材等5大类商品。从2017年推广至今,授权使用商标企业49家,涵盖55个品类426个单品。已获国家地理标志认证产品3个、有机食品13个、绿色产品52个、GAP产品2个、名特优新产品4个。

种类繁多、规格各异的产品,很难给公众留下相同的记忆点,也不利于区域公用品牌的推广。因此,给包装设计了统一形象,并统一规格,充分发挥区域公用品牌的品牌力量,宣传、推广农产品,也便于定价、展陈、销售、储运。

在长达三年的包装设计项目中,设计团队对云阳县众多文化元素进行梳理和研究,决定以长江之滨的云阳张飞庙(三峡黄金旅游线路上的4A级景区)为文化背景,创作张飞IP形象(图6-7)。还将云阳县主要景点如天下梯城、龙缸、磐石城等融入群山和长江之间,形成云阳风光集锦标准图形,统一视觉形象,该视觉形象成为"天生云阳"区域公用品牌包装标准图形,如图6-8所示。

图 6-7　张飞 IP 形象

图 6-8　天生云阳区域公用品牌包装标准图形(2019—2021年)

截至2021年,为统一规格,团队将所有农产品规格进行统计和调配,最终核算出以 240 mm×120 mm×40 mm 为基础单品的包装尺寸,并调整大部分农产品的净含量,统一规格后的公用品牌包装如图6-9所示。少数农产品也按照该模数进行组合,从而所有单品包装可以整齐地放入礼盒中。同时,以颜色区分各种产品的类别,如红色代表干果类、绿色代表生鲜类等,为农产品的分类管理和货架展陈提供便利。

图6-9 天生云阳区域公用品牌包装系列(2019—2021年)

包装设计不是孤立的工作,云阳县委、县政府为了实现该县食用农产品的全面营销,在新包装产品发布时,还指导相关单位进行了品牌广告整合、产地提升、渠道建设、电商推广等各种营销活动,相关营销实例如图6-10与图6-11所示。

天生云阳红橙基地

第六章 | 农产品的包装设计实例

货架展陈效果

"天生云阳"电商中心

☼ 图6-10 营销实例

食用农产品包装设计

❖ 图6-11 天生云阳高铁站体验馆

第三节
小米花生包装设计

重庆市合川区小沔镇拥有悠久的花生种植传统,蜿蜒明净的渠江边上,特有的油砂土质让小米花生的口感香甜、品质优良,还具有锌硒钾等微量元素和氨基酸含量高、油脂含量低的"两高一低"特点。其曾获农业农村部无公害农产品认证和全国"一村一品"认证。

为展现其得天独厚的生长环境,提高产品附加值,让小米花生成为合川区农产品的靓丽名片,以"明净渠江第一颗"为小米花生的广告语。包装中的立体纸雕艺术,展现出合川渠江风光和秀丽乡村景观,仿佛在讲述花生种植与乡村振兴的故事。该包装(包装示例如图6-12)设计为重庆人文科技学院建筑与设计学院2019级学生易雪飞、石雨萌,指导老师为张雄。

第六章 | 农产品的包装设计实例

图6-12　小米花包装设计

如图6-13所示,小米花生外盒包装材料选用环保可回收瓦楞纸和亚克力开窗,内袋采用棉麻材料,环保可再利用。精细的纸雕切割技术创造出立体的层次感,PVC的透光性增强外盒包装立体层次的视觉效果,为消费者提供独特的视觉体验,有利于小米花生的推广和营销。

◆ 图6-13 小米花生外包装设计

第四节

"润滋源"品牌及金玉李包装设计

金玉李,是从日本引进的新品种,目前在重庆市江津区润滋源果园试栽。金玉李具有较强的市场竞争力,一是采摘期在5月下旬,属于错峰早熟品种;二是单果平均重量为80 g,肉细多汁,风味浓甜,含糖量16%,属于优质精品小水果;三是果皮为亮丽的金黄色,果肉也是黄色,品相极佳。因此,金玉李的市场定价比其他李子高。

润滋源果园的业主是吴大姐,她热爱农业,对精品水果具有浓厚的情感,投身农业二十多年。润滋源果园在山坡上,管理房建在比果园还高的地方,每天早晨站在管理房俯瞰果园,成了吴大姐的"例行公事"。

包装设计团队(重庆人文科技学院建筑与设计学院学生易雪飞、石雨萌,指导教师莫渊,颐合企业形象设计事务所)被吴大姐的农业情怀深深打动,经过头脑风暴,从多个创意思路中筛选了一个画面,画面中的女孩为主视觉形象:清晨的阳光洒在果园中,一个女孩倾着身子查看着果树的生长情况,近处的金玉李已挂满枝头,刚刚采摘的果子摆上木桌。

此画面(图6-14)是用AI生成的,具有文艺气息的画面传达了精品水果的情绪价值,画中的女孩仔细查看果树的情形仿佛让人看到了吴大姐为农业奉献的青春,近处的果子体现了金玉李肉细多汁的品相,让人具有强烈的食欲。

图6-14 金玉李包装插画设计

如图6-15所示，根据金玉李本身的特点，将"润滋源"品牌标准字设计为圆润灵动的字体；将"金玉李"产品名称通过书法创作和后期矢量化描摹修整，设计为飘逸流畅的字体；为体现早熟李子品种的市场优势，产品标语定为"初夏的味道"。

图6-15 品牌名称、产品名称字体设计及标准组合样式

如图6-15所示，该农产品的包装形式采用天地盖礼盒和吸塑托盘，具有礼品的仪式感，开盖即见金灿灿的果子整齐地排列在透明的托盘上。

第六章 | 农产品的包装设计实例

137

金玉李礼盒天盖展开图

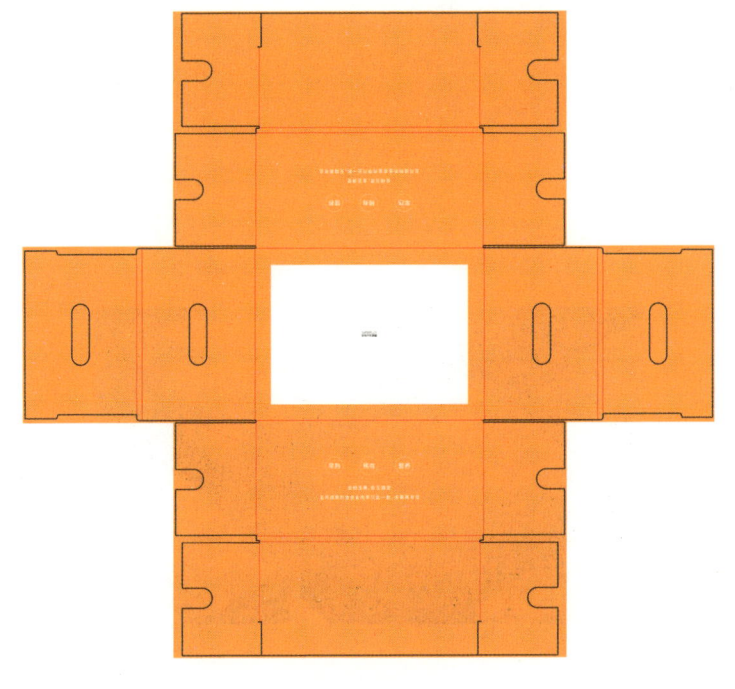

金玉李礼盒地盖展开图

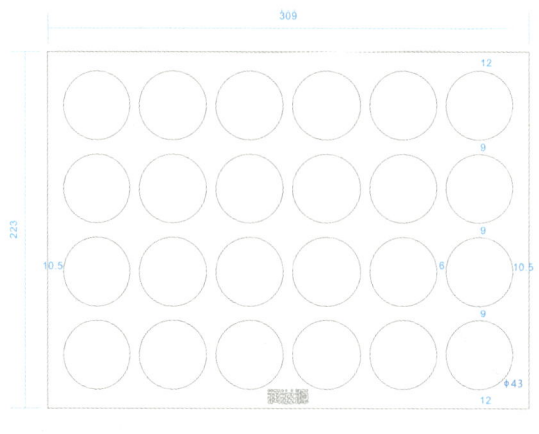

24枚

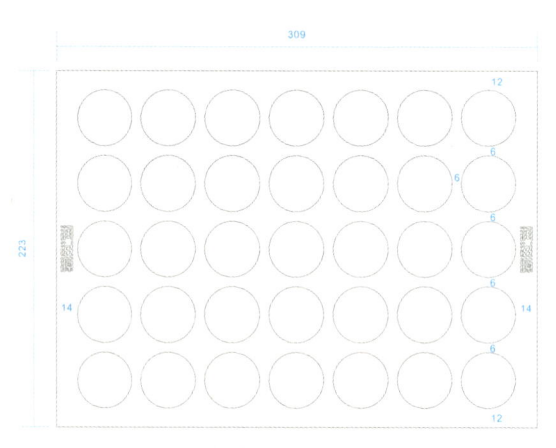

35枚

金玉李吸塑托盘平面图(单位:mm)

金玉李包装效果图

◆ 图6-16　金玉李包装图

附 录

附件1

法定计量单位的选择

商品的标注类别		检查要求	
		标注净含量的量限	计量单位
质量		$Q_n<1$ 克	mg(毫克)
^		1 克 $\leq Q_n<1000$ 克	g(克)
^		$Q_n \geq 1000$ 克	kg(千克)
体积（容积）	容积（液体）	$Q_n<1000$ 毫升	mL(ml)(毫升)或 cL(cl)(厘升)
^	^	$Q_n \geq 1000$ 毫升	L(l)(升)
^	体积（固体）	$Q_n \leq 1000$ 立方厘米（1 立方分米）	cm^3(立方厘米)或 mL(ml)(毫升)
^	^	1 立方分米 $<Q_n<1000$ 立方分米	dm^3(立方分米)或 L(l)(升)
^	^	$Q_n \geq 1000$ 立方分米	m^3(立方米)
长度		$Q_n<1$ 毫米	μm(微米)或 mm(毫米)
^		1 毫米 $\leq Q_n<100$ 厘米	mm(毫米)或 cm(厘米)
^		$Q_n \geq 100$ 厘米	m(米)
^		注：长度标注包括所有的线性测量，如宽度、高度、厚度和直径	
面积		$Q_n<100$ 平方厘米（1 平方分米）	mm^2(平方毫米)或 cm^2(平方厘米)
^		1 平方分米 $\leq Q_n<100$ 平方米	dm^2(平方分米)
^		$Q_n \geq 1$ 平方米	m^2(平方米)

附件2

标注字符高度

标注净含量（Qn）	字符的最小高度（mm）
$Q_n \leq 50$ g $Q_n \leq 50$ mL	2
50 g<$Q_n \leq 200$ g 50 mL<$Q_n \leq 200$ mL	3
200 g<$Q_n \leq 1000$ g 200 mL<$Q_n \leq 1000$ mL	4
$Q_n > 1$ kg $Q_n > 1$ L	6
以长度、面积、计数单位标注	2

附件3

允许短缺量

质量或体积定量包装商品标注净含量 Q_n（g 或 ml）	允许短缺量 T^e	
	Q_n 的百分比	g 或 ml
0～50	9	——
50～100	——	4.5
100～200	4.5	——
200～300	——	9
300～500	3	——
500～1 000	——	15
1 000～10 000	1.5	——
10 000～15000	——	150

续表

| 15 000 ~ 50 000 | 1 | —— |

注*:对于允许短缺量 T,当 $Q_n \leq 1$ kg(L)时,T 值的 0.01 g(ml)位上的数字修约至 0.1 g(ml)位;当 $Q_n > 1$ kg(L)时,T 值的 0.1 g(ml)位上的数字修约至 g(ml)位。

长度定量包装商品标注净含量 Q_n	允许短缺量 T m
$Q_n \leq 5$ m	不允许出现短缺量
$Q_n > 5$ m	$Q_n \times 2\%$
面积定量包装商品标注净含量 Q_n	允许短缺量 T
全部 Q_n	$Q_n \times 3\%$
计数定量包装商品标注净含量 Q_n	允许短缺量 T
$Q_n \leq 50$	不允许出现短缺量
$Q_n > 50$	$Q_n \times 1\%$**

注**:以计数方式标注的商品,其净含量乘以 1%,如果允许短缺量出现小数,就把该小数进位到下一个紧邻的整数。这个数值可能大于 1%,这是可以允许的,因为商品的个数只能为整数,不能为小数。